中国科学院上海高等研究院报告系列

中国城市碳评估研究报告 2018

王茂华/主编

China City Carbon Evaluation Report
2018

科学出版社
北 京

内 容 简 介

　　本书围绕城市发展的内在规律与能耗排放的关联分析、城市碳排放监测与评估引导低碳城市健康发展和数据支撑下的城市碳排放达峰路径研究等几个主题，研究新型城镇化下城市低碳发展路径和碳评估研究的理论与方法，分析比对全球二氧化碳监测科学实验卫星 TanSAT 数据、中国科学院全球碳收支 A 类先导专项形成的能源排放因子数据库，整合城市能源、建筑和交通等多源碳排放相关数据，形成基于多源多尺度的城市碳评估模型、指标、技术和实证的战略发展路线图，并对目前的我国 300 多个城市低碳发展的能耗、排放、碳浓度、空气质量、经济产业、资源环境、土地利用、交通运输、通信信息、健康安全 10 个维度的数据进行了分析。

　　本书可供城市管理和低碳发展相关的政府管理部门、研究机构及相关领域学者参考。

图书在版编目（CIP）数据

中国城市碳评估研究报告 2018 ／ 王茂华主编 . —北京：科学出版社，2019. 1

（中国科学院上海高等研究院报告系列）

ISBN 978-7-03-059226-2

Ⅰ. ①中… Ⅱ. ①王… Ⅲ. ①城市–二氧化碳–排气–评估–研究报告–中国–2018 Ⅳ. ①X511

中国版本图书馆 CIP 数据核字（2018）第 241531 号

责任编辑：李轶冰 ／ 责任校对：彭　涛
责任印制：张　伟 ／ 封面设计：无极书装

科 学 出 版 社 出版

北京东黄城根北街 16 号
邮政编码：100717
http://www.sciencep.com

北京虎彩文化传播有限公司 印刷
科学出版社发行　各地新华书店经销

*

2019 年 1 月第 一 版　开本：787×1092　1/16
2019 年 1 月第一次印刷　印张：8 1/2　插页：2
字数：250 000

定价：98.00 元
（如有印装质量问题，我社负责调换）

编写委员会

主　编　王茂华

顾　问　魏　伟

副主编　汪鸣泉

编　委　王茂华　魏　伟

　　　　汪鸣泉　尚　丽

　　　　苏　昕　常　征

　　　　李青青

前　言

　　应对气候变化是当前全球的热点议题，气候变化谈判已转化为碳排放权和化石能源消费权的斗争，关系国家利益和发展权。中国已成为能源消耗和碳排放大国，要实现"到 2030 年，单位国内生产总值二氧化碳排放比 2005 年下降 60%～65%，同时达到碳排放峰值并争取尽早达峰"的目标，需要从区域和行业两个层面着手，推动节能减排措施落地。

　　数据显示世界化石燃料碳排放的 70% 来源于城市，因此城市的低碳发展已成为全球各国的共同挑战和任务，也成为我国实现减排目标的重要抓手。中央城市工作会议强调要"统筹空间、规模、产业三大结构"，"围绕创新、协调、绿色、开放、共享的发展理念"，来推动新型城镇化工作。城市的绿色、低碳、智慧、健康发展，关系到国家的经济社会可持续发展和节能减排目标的实现。

　　本报告围绕城市碳排放的核算和评估方法，研究新型城镇化下城市的低碳发展路径。报告整合、分析、比对碳卫星数据，中国科学院全球碳收支 A 类先导专项形成的能源排放因子数据，城市经济、社会、能源、建筑、交通等统计数据，建立了基于多源多尺度数据的城市碳评估模型和指标体系。本报告以上海为实践案例，建立了针对城市现状的碳评估、碳足迹及未来碳减排路径的优化分析算法，并对中国省级区域的低碳数据进行时空尺度的分析。本报告以城市智慧、低碳、健康的多维发展现实需求为指引，重点选取影响城市低碳发展的能耗、排放、碳浓度、空气质量、经济产业、资源环境、土地利用、交通运输、通信信息和健康安全 10 个维度的数据，建立城市智慧低碳健康评价指标系统，为城市的多维度评价做了有意义的研究工作。

　　本报告第一章对中国城市碳评估研究意义和发展趋势进行了分析。低碳城市是实现减排目标的重要抓手，同时城市发展的内在规律与能耗排放具有很强的关联性，因此开展城市碳排放监测与评估研究，建立数据支撑下的城市碳排放达峰路径研究体系，具有研究的现实意义，也切合国家的低碳发展政策。

　　第二章对城市碳评估理论与模型开展调研，重点在城市碳评估研究理论与方法、城市气候变化综合评估理论模型、城市碳排放相关的卫星、清单、地面数据等方面开展调研，比较了 IPCC、ICLEI、WRI 温室气体清单法、国家发展与改革委员会温室气体清单法的适用性和不确定性，并梳理了城市碳足迹与温室气体排放核算、城市低碳评价指标体系、城市碳排放的空间集聚效应以及城市碳排放核算精确性等国内外已有理论和方法的优缺点。

　　第三章选取上海为典型案例，开展了城市碳排放的现状与评估实践研究。结合上海城市转型发展的动力和趋势，重点分析了上海能源活动和工业生产过程等二氧化碳直接排放、外调电力等二氧化碳间接排放的结构，并与其他直辖市的碳排放数据开展了对比研究。在此基础上，结合上海分产业、分消费终端、分能源类型的能耗排放数据和部门规划，进行了重点行业碳排放分析。结合数据和模型，对上海等直辖市的城市碳排放、城市间碳足迹、碳排放的空间集聚效应和城市评估方法的不确定性进行了研究。

　　第四章为上海城市碳排放的预测与规划评估，重点对上海市 2020 年碳排放量、2020 年化石能源消费量、2030 年发电部门规划等进行预测及分析，开展上海碳足迹及排放趋势的预测与分析。

　　第五章从中国省级区域的碳排放的现状评估与趋势预测入手，对中国各区域的能耗与排放、能源流进行分析，并从行业和区域两个角度，对中国城市的碳集聚效应与转移效应进行评估。本章并结合碳卫星数据，对中国城市的碳浓度逐月变化和空间变化时空特征进行分析，提出城市碳评估的数据支撑和采集技术建议。

　　第六章在以上研究的基础上，以中国 300 多个城市为研究对象，进行了中国智慧低碳健康城市指数评估体系研究。将碳评估与城市的智慧、健康等多维度发展需求结合，设计了具有一定适用性的中国智慧低碳健康城市综合指数，该指数包含城市能耗指数、城市排放指数、城市碳浓度指数、城市空气质量指数、城市经济产业指数、城市资源环境指数、城市土地利用指数、城市交通运输指数、城市通信信息指数、城市健康安全指数，并利用该指数，对中国城市的多维度发展进行了基于数据的系统分析。

　　本报告的撰写由王茂华主编、魏伟顾问，汪鸣泉、尚丽、常征、苏昕、李青青等具体落实，本报告的完成，离不开上海碳数据与碳评估研究中心的顾倩荣、魏崇、邱林、吕正、黄永健、李婉嘉、周智伟、戴橙、袁帅、金九平等老师的数据研究和战略分析工作，并得到了上海社科院左学金教授、同济大学诸大建教授、复旦大学潘克西教授等专家领导的指点。

　　本报告适合城市管理和低碳发展相关的政府管理部门、研究机构以及相关领域学者阅读参考，其探讨的基于时间和空间的城市多维度数据的挖掘和分析方法，为认识城市低碳发展提供了一个可供借鉴的方法。本报告因为数据选择产生的方法、模型、指标等不足，后续将进一步通过数据融合和模型处理来进行完善，如相关数据和资料汇编的更新时间为 2017 年，使得报告存在时间滞后性；如选用有时空误差的碳卫星观测总碳柱浓度均值作为指标，一定程度上弥补了城市碳浓度值缺失的问题，但后续仍需开展该数据的同化研究，以更准确地表征城市的碳浓度。

　　限于我们的知识修养和学术水平，报告中难免会存在诸多问题，也恳请读者能不吝批评、指正！

作者
2018 年 10 月

| 目　　录 |

|第一章| 　中国城市碳评估研究展望[①]

中国政府高度重视城市的绿色、健康、智慧发展。2015 年 12 月，习近平总书记在中央城市工作会议上发表重要讲话，分析城市发展面临的形势，明确做好城市工作的指导思想、总体思路、重点任务。会议强调要"贯彻创新、协调、绿色、开放、共享的发展理念""统筹空间、规模、产业三大结构""提高新型城镇化水平"[②]。可见，城市的创新智慧低碳发展已成为时代的主流。2015 年 12 月，第二届世界互联网大会在浙江乌镇开幕，习近平总书记指出，"乌镇的网络化、智慧化，是和现代、人文及科技融合发展的生动写照，是中国互联网创新发展的一个缩影"[③]。2016 年 9 月，二十国集团（G20）领导人杭州峰会举行，习近平总书记指出"我们已经就《二十国集团创新增长蓝图》达成共识，一致决定通过创新、结构性改革、新工业革命、数字经济等新方式，为世界经济开辟新道路，拓展新边界"[④]。2017 年 10 月 18 日习近平代表第十八届中央委员会在中国共产党第十九次全国代表大会上向大会做报告《决胜全面建成小康社会夺取新时代中国特色社会主义伟大胜利》。习近平明确：引导应对气候变化国际合作，成为全球生态文明建设的重要参与者、贡献者、引领者。习近平强调，推动大数据和实体经济深度融合，在绿色低碳等领域培育新增长点、形成新动能。

（1）中国城市碳评估研究的目的和意义

为促进国家的经济社会绿色、科学、可持续发展和到 2020 年单位国内生产总值二氧化碳排放比 2005 年下降 40%～45% 目标的实现，研究新型城镇化下城市行业低碳发展路径和碳评估研究的理论与方法。

（2）中国城市碳评估研究方法与内容

整合分析比对全球二氧化碳监测科学实验卫星 TanSAT（以下简称"碳卫星"）、

[①] 本章作者：王茂华、魏伟、汪鸣泉。
[②] 新华网 2015 年 12 月 22 日电，中央城市工作会议在北京举行。
[③] 新华网 2015 年 12 月 16 日电，习近平在第二届世界互联网大会开幕式上的讲话（全文）。
[④] 新华网 2016 年 9 月 4 日电，习近平在二十国集团领导人杭州峰会上的开幕辞（全文）。

城市能源、建筑和交通等多源碳排放相关数据，形成基于城市碳评估模型、指标、技术和实证的战略发展研究报告。主要包括以下几个方面的内容。

1) 低碳城市是实现减排目标的重要抓手；

2) 城市发展的内在规律与能耗排放的关联分析；

3) 城市碳排放监测与评估引导低碳城市健康发展；

4) 数据支撑下的城市碳排放达峰路径研究。

第一节　低碳城市是实现减排目标的重要抓手[①]

中国政府承诺减排目标的实现有赖于城市低碳发展。根据习近平总书记在 2015 年 12 月 1 日的气候变化巴黎大会开幕式上的讲话内容和《强化应对气候变化行动——中国国家自主贡献》、《中国应对气候变化的政策与行动 2015 年度报告》、《"十二五"控制温室气体排放工作方案》、《能源发展战略行动计划（2014—2020 年)》、《国家应对气候变化规划（2014—2020 年)》与习近平总书记关于《中共中央关于制定国民经济和社会发展第十三个五年规划的建议》的说明等一系列报告的要求，中国政府对应对气候变化和实现节能减排的 2020 年和 2030 年目标分别进行了部署。

2020 年的减排分解目标及实现情况如图 1-1 所示。

1) 中国应对气候变化的 2030 年减排目标：到 2030 年，单位国内生产总值二氧化碳排放比 2005 年下降 60%~65%，非化石能源占一次能源消费的比重到 20% 左右，并于 2030 年前后使二氧化碳排放达到峰值。

2) 中国应对气候变化的 2020 年减排目标：到 2020 年，单位国内生产总值二氧化碳排放比 2005 年下降 40%~45%，非化石能源占一次能源消费的比重到 15% 左右，一次能源消费总量控制在 50 亿吨标准煤左右。其中，煤炭占一次能源消费的比重控制在 62% 以内，即不超过 31 亿吨标准煤。

该目标进一步拆解，可核算出相应的碳排放量阈值（负相关）、国内生产总值增长预期（正相关）、煤炭（负相关）和非化石能源（正相关）等一次能源的消费量和结构指标等，实现总体和分项控制。

与此同时，可根据不同省、自治区、直辖市历史排放情况和经济发展预期，核算出相应的分区域的碳强度指标，实现全国和分区域控制（图 1-2）。

---

① 本节作者：王茂华、魏伟、汪鸣泉。

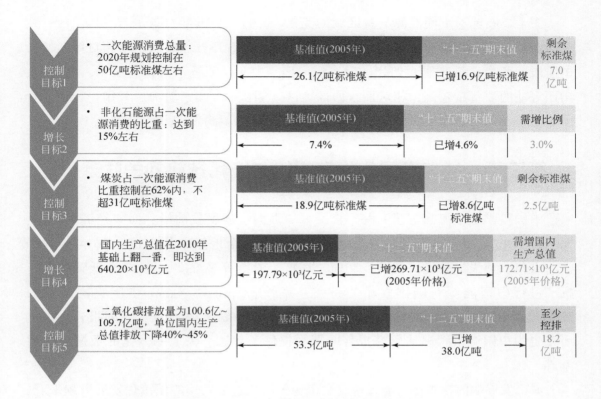

图 1-1 2020 年的减排分解目标及实现情况

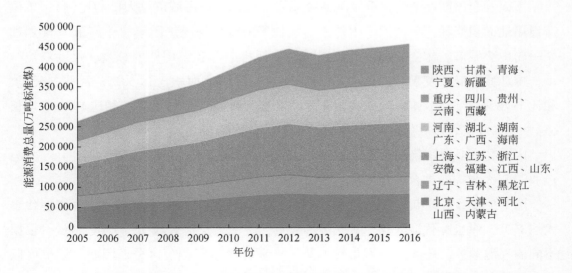

图 1-2 各省、自治区、直辖市能源消费总量变化（2005~2016 年）

注：由于国家统计局对统计数据的修订，2013 年以后的数据与之前的数据不完全衔接

资料来源：2005~2017 年《中国统计年鉴》

图 1-2 展现了不同能源消费区域的变化，2005～2016 年，各个省、自治区、直辖市的能源消费总体趋势为不断增加，其发展从 2013 年开始进入一个相对缓慢增长的阶段。各个区域来看，四川、广东、河南、山东、江苏、河北、辽宁、内蒙古、山西等地的消费量较高，相对而言西部地区（新疆、宁夏、青海、甘肃、云南、贵州等）能源消费总量明显低于东部沿海地区（广东、山东、浙江、江苏）。

第二节　城市发展的内在规律与能耗排放的关联分析[①]

中国科学院上海高等研究院一直秉承"面向世界科技前沿、面向经济主战场、面向国家重大需求"的发展方针，采用全国 286 个地级市的 2000～2014 年的经济、人口、建设、资源、能源、交通、环境、健康等多维度，近 30 个低碳绿色指标，进行中国能源与碳排放相关研究，并形成 Springer Nature 出版集团出版的 *China Low-Carbon Healthy City*，*Technology Assessment and Practise* 等系列报告。以上研究也为中国城市碳评估研究报告的撰写提供了动态、天地一体化的数据和模型基础。

城市发展的内在规律与能耗排放紧密相关，从过去历年的城镇化发展历程来看，城市的能耗与城市的人口城镇化和土地城镇化密切相关，图 1-3、图 1-4 展示了四个直辖市以及全国能耗变化情况及其城镇化率（城镇人口占城市总人口的比例）、单位建设用地面积能耗、单位国内生产总值能耗等的变化情况。国家"十三五"规划和新一轮中央城市工作会议强调要开展城市能耗排放与建设用地的总量、强度双控行动，推动城市低碳发展。2015 年我国城市的建设用地面积已达 5.158 万平方公里，相比 1978 年增长 667%。同期我国能源消费量达到 43 亿吨标准煤，相比 1978 年增长 654%，二氧化碳排放量已超过 90 亿吨，约占全球的 28%。

因此，有必要围绕城镇化与减排工作的协调推进，探寻统筹城市"空间、规模、产业"三大结构的整合规划方法。

图 1-5 展示了城市二氧化碳排放与城市的经济发展之间的关联关系，横坐标代表人均 GDP，纵坐标代表人均二氧化碳排放量，气泡大小代表城市的 GDP 总量。根据不同的气泡颜色，还可以将城市按照第三产业比重进行颜色区分。因此，城市可以分为五种主要的类型（图 1-5）。

---

① 本节作者：汪鸣泉。

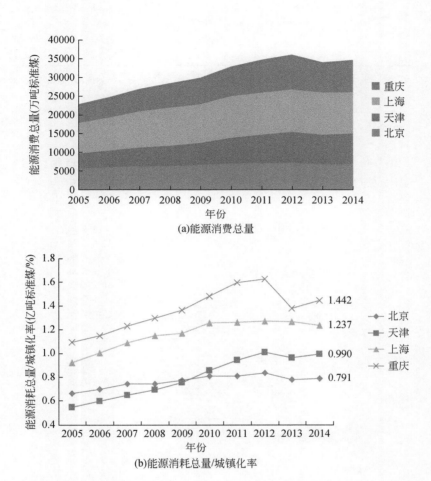

图 1-3　四个直辖市能源消耗与人口城镇化发展数据集合（2005～2014 年）

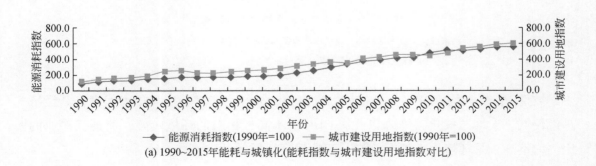

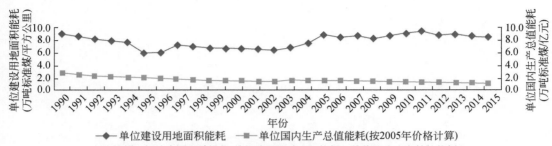

(b) 能耗、经济发展和城镇化(单位建设用地面积能耗与单位国内生产总值能耗)

图 1-4　中国能源消耗与土地城镇化发展数据集合（1990～2015 年）

资料来源：2000～2016 年《中国城市统计年鉴》；2000～2016 年《中国统计年鉴》

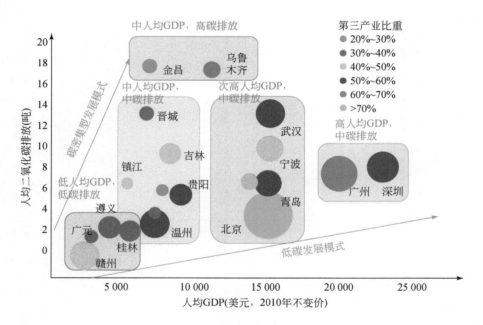

图 1-5　中国城市低碳聚类分析与研究

资料来源：根据中国达峰先锋城市联盟秘书处和落基山研究所联合编写的
《最佳城市达峰减排实践比较和分享 2016》等资料整理

　　类型 1：低人均 GDP、低碳排放，以赣州、桂林、遵义、广元等为代表，其经济总量较低、人均二氧化碳排放和人均 GDP 也不高，相对的环境较好，而第三产业的比例均不高，是环境生态保存较好、开发强度较低的城市。

　　类型 2：中人均 GDP、中碳排放，以温州、贵阳、吉林、镇江、晋城等为代表，其人均 GDP 未超过 1 万美元，人均二氧化碳排放量处于中等水平，第三产业比例比第一类型城市较高，是环境生态中等、开发强度中等的城市。

类型3：次高人均GDP、中碳排放，以北京、宁波、青岛、武汉等为代表，其人均GDP 1.5万美元左右，人均二氧化碳排放量处于中等水平，第三产业比例比第一、第二类型城市较高，是环境生态中等、开发强度次高的城市。

类型4：高人均GDP、中碳排放，以广州、深圳等为代表，其人均GDP为2万美元，人均二氧化碳排放量处于中等水平，第三产业比例在50%~60%，是环境生态中等、开发强度较高的城市。

类型5：中人均GDP、高碳排放，以金昌、乌鲁木齐等为代表，其人均GDP 1万美金左右，人均二氧化碳排放量高，是经济总量相对较小的城市。

比较而言，类型3（次高人均GDP、中碳排放城市）和类型4（高人均GDP、中碳排放城市）是相对低碳的发展模式。从图1-5中也可以看到，经济发展与低碳发展结合的发展才是相对良性和健康的发展模式，这就需要探寻低碳经济和人口收入、产业类型之间的均衡发展点，来推动城市的未来可持续之路。

中国城市碳评估研究致力于形成中国科学院特色的自主知识产权的城市低碳发展研究模型、指标和数据库，建立基于技术和实证的天地一体化的城市的碳排放量核算与评估方法（表1-1）。

表1-1　中国科学院上海高等研究院已有城市低碳评估结果

排名（前十位）	2018 年	2016 年	2014 年	2012 年
1	广州	合肥	合肥	深圳
2	温州	广州	广州	珠海
3	舟山	南京	南京	大连
4	深圳	福州	福州	北京
5	嘉兴	上海	上海	上海
6	台州	青岛	青岛	广州
7	福州	大连	大连	青岛
8	珠海	北京	北京	福州
9	东莞	济南	济南	威海
10	北京	厦门	厦门	泉州

注：采用时空尺度多源数据评价方法

资料来源：中国科学院上海高等研究院，2012，2014，2016

本研究将在已有基础上，针对已有城市低碳评估工作重空间、轻数据的特点，整合分析天基、地基的数据，形成一个整合城市能源、建筑和交通等多源数据的城市碳评估报告，为城市绿色低碳发展和健康转型提供科学支撑。

第三节　城市碳排放监测与评估引导低碳城市健康发展①

根据联合国环境规划署（United Nations Environment Programme，UNEP）和国际能源署（International Energy Agency，IEA）的研究报告，世界化石燃料碳排放的70%来源于城市，因此，要实现中国政府的减排承诺，离不开城市未来"创新、协调、绿色、开放、共享"的发展。中国政府经过多年努力，在智慧低碳城市规划、建设、发展方面出台了一系列的试点方案，如图1-6所示。

图1-6　中国智慧低碳城市试点情况

注：IBM 指国际商业机器公司（International Business Machines Corporation）

资料来源：根据国家智慧城市和低碳城市相关文件整理

自温家宝 2009 年提出感知中国以来，我国已公布三批国家智慧城市试点，三批国家低碳城市试点，与此同时，通过 2010 年上海世界博览会、2015 年中美气候智慧型/低碳城市峰会（第一届）和 2016 年中美气候智慧型/低碳城市峰会（第二届）等，向全球展示了我国智慧低碳城市试点工作的成效。

其中，国家低碳城市试点（表1-2），于 2017 年 1 月公布了第三批。截至目前，我国的低碳城市试点，已有 3 批 87 个区域入选，其中涉及 6 个省区、4 个直辖市、71 个地级城市和 6 个区县，并明确城市碳排放峰值目标、城市碳排放清单和城市碳排放统计核算系统等考核指标，其中截至 2016 年 6 月，已有 34 个城市提出了碳排放

①　本节作者：汪鸣泉。

峰值目标，24 个城市完成了碳排放清单编制工作，12 个城市建立了碳数据管理平台，26 个城市收集了重点排放单位数据，7 个城市建立了碳排放统计核算系统。随着国家低碳城镇、低碳工业园区、低碳产业示范园区和低碳社区等试点的推出，如何更好地核算区域碳排放量成为未来的重要工作。

表 1-2　国家低碳城市试点情况

序号	区域	行政单位	入选批次
1	广东省	省	1
2	辽宁省	省	1
3	湖北省	省	1
4	陕西省	省	1
5	云南省	省	1
6	海南省	省	2
7	天津市	直辖市	1
8	重庆市	直辖市	1
9	北京市	直辖市	2
10	上海市	直辖市	2
11	深圳市	城市	1
12	厦门市	城市	1
13	杭州市	城市	1
14	南昌市	城市	1
15	贵阳市	城市	1
16	保定市	城市	1
17	石家庄市	城市	2
18	秦皇岛市	城市	2
19	晋城市	城市	2
20	呼伦贝尔市	城市	2
21	吉林市	城市	2
22	大兴安岭地区	地区	2
23	苏州市	城市	2
24	淮安市	城市	2
25	镇江市	城市	2
26	宁波市	城市	2
27	温州市	城市	2
28	池州市	城市	2

序号	区域	行政单位	入选批次
29	南平市	城市	2
30	景德镇市	城市	2
31	赣州市	城市	2
32	青岛市	城市	2
33	济源市	城市	2
34	武汉市	城市	2
35	广州市	城市	2
36	桂林市	城市	2
37	广元市	城市	2
38	遵义市	城市	2
39	昆明市	城市	2
40	延安市	城市	2
41	金昌市	城市	2
42	乌鲁木齐市	城市	2
43	乌海市	城市	3
44	沈阳市	城市	3
45	大连市	城市	3
46	朝阳市	城市	3
47	黑河市逊克县	区县	3
48	南京市	城市	3
49	常州市	城市	3
50	嘉兴市	城市	3
51	金华市	城市	3
52	衢州市	城市	3
53	合肥市	城市	3
54	淮北市	城市	3
55	黄山市	城市	3
56	六安市	城市	3
57	宣城市	城市	3
58	三明市	城市	3
59	九江市共青城市	区县	3
60	吉安市	城市	3
61	抚州市	城市	3

续表

序号	区域	行政单位	入选批次
62	济南市	城市	3
63	烟台市	城市	3
64	潍坊市	城市	3
65	宜昌市长阳土家族自治县	区县	3
66	长沙市	城市	3
67	株洲市	城市	3
68	湘潭市	城市	3
69	郴州市	城市	3
70	中山市	城市	3
71	柳州市	城市	3
72	三亚市	城市	3
73	琼中黎族苗族自治县	区县	3
74	成都市	城市	3
75	玉溪市	城市	3
76	普洱市思茅区	区县	3
77	拉萨市	城市	3
78	安康市	城市	3
79	兰州市	城市	3
80	酒泉市敦煌市	区县	3
81	西宁市	城市	3
82	银川市	城市	3
83	吴忠市	城市	3
84	昌吉市	城市	3
85	伊宁市	城市	3
86	和田市	城市	3
87	第一师阿拉尔市	城市	3

资料来源：根据国家发展和改革委员会发改气候〔2010〕1587号文件、〔2012〕3760号文件及〔2017〕66号文件整理

第四节 数据支撑下的城市碳排放达峰路径研究[①]

中国城市碳评估研究旨在运用多维一体的碳数据来评估城市的绿色可持续发展

---

① 本节作者：汪鸣泉。

状况，是智慧城市关键技术与应用的一个重要方面，也为我国未来的可持续发展奠定数据基础。中国科学院上海高等研究院在院先导专项"应对气候变化的碳收支认证及相关问题"支持下，对 2000～2013 年的中国碳排放进行了研究，并在国际杂志 *Nature* 上发表，为中国的碳排放战略制定和国际温室气体碳排放谈判提供了重要的数据支撑和理论依据。

中国目前正在进行的全球二氧化碳监测科学实验卫星（简称"碳卫星 TanSAT"）及应用示范，将致力于运用天基数据，来开展全球气候变化监测与分析的研究工作，填补我国在温室气体监测方面的技术空白，为进行全球变暖的变化规律和全球碳排放分布研究提供依据。我国首颗碳卫星 TanSAT，已于 2016 年 12 月发射，该卫星的总体单位为依托于中国科学院上海高等研究院的上海微小卫星工程中心，该卫星的发射，将极大地提升我国碳数据的全球监测能力，也为城市的碳评估提供了天基数据。

中国城市的碳评估研究针对中国科学院战略性先导科技专项"应对气候变化的碳收支认证及相关问题"（XDA05000000）（简称"碳专项"）采集的可代表我国化石能源消耗量95%，涵盖全国各地能源消费利用和工业生产过程中产生二氧化碳的相关化石能源、低碳行业等的 40 000 余组样品，进行深入挖掘。以城市为研究尺度，以"碳专项"的数据为基础，结合行业检测和经济估测等数据，挖掘城市碳流特征和碳功能区发展规律，初步建立城市碳评估研究理论与方法。中国城市碳评估研究进一步利用与 2016 年发射的碳卫星 TanSAT 数据类似的美国 Orbiting Carbon Observatory 2 嗅碳卫星（简称"OCO-2 嗅碳卫星"）碳浓度数据，与"碳专项"数据进行比对，结合城市能源、建筑、交通、水务、固体废弃物、健康等碳排放相关数据，来拓展研究全国和全球城市的能力。在此基础上，以城市为边界，以城市环境承载力为导向，以城市区域的碳容量为研究目标，建立城市碳排放检测与核算模型、城市碳功能区和碳流的时空运移规律模型、城市低碳产业和低碳技术分析模型（图 1-7）。

中国城市碳评估研究将围绕城市能耗与碳数据的深入挖掘，为我国新型城镇化建设提供战略发展研究报告及行业解决方案。本研究形成的城市碳评估理论、碳评估指标、碳评估技术将以实证研究和广泛的数据为基础，形成拓展性和科学性较强的研究方法。本研究形成的城市碳评估模型，将可以导入城市合理规模、空间结构、交通体系、能源结构、生态构成和基础设施布置等要素，来为具体的城市低碳发展提供碳排放达峰路径情景分析和发展路线图。最终完成"中国城市碳评估理论与方

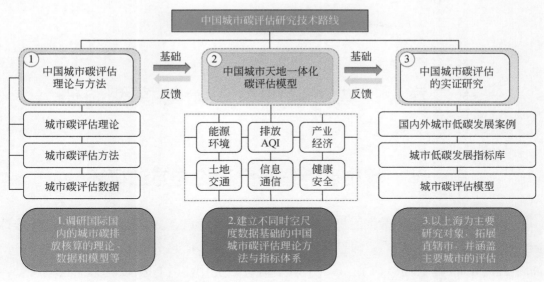

图 1-7 中国城市碳评估研究技术路线（中国科学院上海高等研究院整理）

注：AQI 指空气质量指数（air quality index）

法论基础""中国城市天地一体化碳评估模型""中国城市碳评估的实证研究"三个层次的科技目标，为国家级的高水平城市碳排放及气候变化研究智库的建立奠定基础，并以科学、严谨、务实的研究，为国家经济社会的绿色、科学、可持续发展做贡献。

|第二章| 城市碳评估理论与模型调研[①]

第一节 城市碳评估研究理论与方法概述[②]

欧美国家非常重视碳数据的积累和评估研究，国际上已有多个权威机构都建设了全球碳排放数据库，其中包括美国橡树岭国家实验室 CO_2 信息分析中心（Carbon Dioxide Information Analysis Centre，CDIAC)[③]、欧盟联合研究中心（European Commission，Joint Research Centre，JRC）和荷兰环境评估机构（Netherlands Environmental Assessment Agency，NEAA）的全球大气研究排放数据库（Emissions Database for Global Atmospheric Research，EDGAR)[④]、国际能源署（International Energy Agency，IEA）的全球排放统计数据库[⑤]、美国能源信息管理局（U. S. Energy Information Administration，EIA）国际排放数据库[⑥]、世界银行的全球开放数据库[⑦]、联合国气候变化框架公约（United Nations Framework Convention on Climate Change，UNFCCC）的全球温室气体清单数据库[⑧]、世界资

[①] 本章作者：汪鸣泉、尚丽、苏昕、李青青。

[②] 本节作者：汪鸣泉。

[③] CDIAC 是美国橡树岭国家实验室的全球碳排放数据库，数据覆盖全球 184 个国家，数据跨度为 1899～2012 年，并在不断更新，http://cdiac. ornl. gov/home. html。CDIAC 同时还通过排放数据来估算了清单数据在全球空间上的分布，是国际上最通行的四大碳排放数据库之一。

[④] EDGAR 是欧盟联合研究中心（https://ec. europa. eu/jrc/en）和荷兰环境评估机构（http://www. pbl. nl/en）的全球大气研究排放数据库，数据覆盖全球 212 个国家，数据跨度为 1970～2013 年，并在不断更新，http://edgar. jrc. ec. europa. eu。EDGAR 是国际上最通行的四大碳排放数据库之一。

[⑤] IEA CO_2 emissions statistics 是国际能源署（http://www. iea. org/statistics/topics/CO2emissions/）的全球排放统计数据库，数据覆盖全球 145 个国家，数据跨度为 1971～2012 年，并在不断更新。IEA 全球排放统计数据库是国际上最通行的四大碳排放数据库之一。

[⑥] EIA International emissions database 是美国能源信息管理局（https://www. eia. gov/environment/data. cfm#intl）的国际排放数据库，数据覆盖全球 217 个国家，数据跨度为 1980～2012 年，并在不断更新。EIA 国际排放数据库是国际上最通行的四大碳排放数据库之一。

[⑦] The World BANK database 是世界银行（http://data. worldbank. org/）的全球开放数据库，包括各个国家的经济、能源、排放等多个维度的数据。

[⑧] UNFCCC Greenhouse Gas Inventory Data 是联合国气候变化框架公约（http://unfccc. int/ghg_data/items/3800. php）的全球温室气体清单数据库。

源研究所（World Resources Institute，WRI）的全球气候变化数据库[①]、耶鲁大学和哥伦比亚大学的全球环境指数及数据库[②]等的研究最为权威。

美国国家航空航天局（National Aeronautics and Space Administration，NASA）[③]于2014年发射 OCO-2[④]嗅碳卫星，在全球范围内对碳排放进行跟踪观测，并启动了洛杉矶 Megacities 计划（NASA Megacities Project，2015）[⑤]，并按照已开始采集和2025年前计划采集两个时间段，对现有和规划的大都市区数据进行了长期跟踪，旨在更精确地对观测数据进行修正。碳卫星观测数据也逐渐成为城市和区域碳评估研究的重要依据，弥补了单纯依赖地面监测数据的不足。

Megacities 项目得到美国 NASA、美国国家海洋与大气管理局（National Oceanic and Atmospheric Administration，NOAA）[⑥]、美国国家标准技术研究院（National Institute of Standards and Technology，NIST）[⑦]、加州空气资源委员会（California Air Resources Board，CARB）、NASA 喷气推进实验室（Jet Propulsion Laboratory，JPL）、加利福尼亚州远程大气感应研究室等机构的支持，旨在整合卫星、高塔、平流层飞机、无人机、地面观测站、移动车辆等多种观测数据（图2-1），来进一步优化卫星观测能力。同时通过洛杉矶项目的推广，进一步提升全球各个大都市区碳排放观测的能力。

Megacities 项目从洛杉矶城市碳排放变化趋势、基于碳卫星观测的城市碳排放清单、多尺度天地一体化碳排放观测体系、数据共享及多城市应用方面开展了大量的研究。其项目总体目标见表2-1。

以科学技术部碳卫星 TanSAT 研究和中国科学院"碳专项"研究等重大项目为依托，中国科学院上海高等研究院碳数据与碳评估研究中心也进行了城市碳排放数据观测体系、城市碳数据与碳评估数据库建设、低碳城市评价理论和模型研究等工作。

---

① WRI CAIT（climate analysis indicators tool）是世界资源研究所（http://cait.wri.org/）的全球气候变化数据库。
② Yale Environmental Performance Index 是美国耶鲁大学和哥伦比亚大学（http://epi.yale.edu/）的全球环境指数及数据库。
③ 美国 NASA 是美国联邦政府的一个行政性科研机构，负责制定、实施美国的民用太空计划与开展航空科学暨太空科学的研究。
④ OCO-2 是 Orbiting Carbon Observatory-2 的缩写，项目总耗资4.68亿美元，旨在通过卫星观测二氧化碳排放对全球环境的影响。
⑤ NASA 全球大都市区碳排放项目。
⑥ 美国 NOAA 是隶属于美国商务部的科技部门，主要关注地球的大气和海洋变化，提供对灾害天气的预警，提供海图和空图，管理对海洋和沿海资源的利用和保护，研究如何提高对环境的了解和防护。
⑦ 美国 NIST 是隶属于美国商务部的科技部门，从事物理、生物和工程方面的基础和应用研究，以及测量技术和测试方法方面的研究，提供标准、标准参考数据及有关服务。

图 2-1　NASA 基于 OCO-2 嗅碳卫星的洛杉矶 Megacities 计划

资料来源：http：//megacities. jpl. nasa. gov

表 2-1　Megacities 项目总体目标

ID	项目目标	第一阶段 （3~5 年）	第二阶段 （3~5 年）
1	建立和展示计量系统，用于衡量总体碳排放的趋势（洛杉矶未来 5 年 CO_2 排放小于 10%）	√	√
2	确定 CO 和 CO_2 清单测量的独立方法，形成高精度的碳排放数据体系，并与 CO 和 CO_2 测量水平进行对比，减少 CH_4 和 N_2O 的测量不确定性	√ （CH_4）	√ （N_2O）
3	建立卫星、航空飞行监测、高塔、地面固定和移动等天地一体化的方式，形成大都市区主要排放源和部门贡献与活动水平观测方法（识别碳排放源，自下而上建立监测清单，如港口、电厂、土地利用、自然排放基础设施和油气生产等）	√ （识别）	√ （监测）
4	建立开放、透明和可持续的数据、分析、共享方法，提高测量能力，改进模型精度。并通过卫星等拓展性强的数据手段，延展方法和技术到更多的城市		√

第二节　城市碳评估研究理论文献综述[①]

城市碳排放的评估工作在国际上已有相关研究和实践。美国费城，从 2009 年起

[①]　本节作者：汪鸣泉。

开展城市的"2030"计划，即到 2015 年，相比 1990 年减少 20% 的温室气体排放，相比 2008 年减少 30% 的能源消耗。与此同时，费城政府还跟踪 15 个具体目标和 162 项减排技术措施，并对这些技术措施的减排潜力和实际减排情况进行动态跟踪。此外，美国纽约和洛杉矶等城市地区，还整合卫星监测数据和地面观测数据来研究城市碳排放情况，实质性地推进城市碳减排工作。

我国政府也高度重视城市的碳减排和碳评估工作。2008 年国家发展和改革委员会（简称"国家发改委"）启动中国省级应对气候变化方案项目，其基础工作就是要求各省（自治区、直辖市）对城市温室气体排放开展核算，基本采用了《2006 年 IPCC 国家温室气体清单指南》提供的方法；此外，中国积极开展城市尺度的"低碳建设"，2010 年国家发改委选择天津和重庆等 8 个城市进行低碳试点，目前已有保定和上海等上百个城市提出低碳城市建设规划。在学术研究上，北京理工大学魏一鸣教授团队也尝试利用产业-能源-碳排放关联评价模型来解析碳排放区域格局的变化（魏一鸣等，2017）。国内目前研究和实践的主要着眼点，还停留在宏观的国家层面和中观的省级区域层面，尚未形成较为系统的城市尺度上的碳排放和碳评估研究体系。

从城市碳评估研究的以往成果来看，主要可以分为以下三方面。

1）城市碳评估研究理论文献综述，包括城市气候变化综合评估模型、城市天地一体化的低碳发展关联模型等。

2）城市碳评估研究数据文献综述，包括城市碳评估的卫星数据资源与应用、城市碳评估的清单数据资源与应用和城市碳评估的地面数据资源与应用等。

3）城市碳评估研究方法文献综述，包括 IPCC（Intergovernmental Panel on Climate Change，政府间气候变化专门委员会）、ICLEI（International Council for Local Environmental Initiatives，国际地方环境行动委员会）、WRI 温室气体清单法在城市的实践、国家发改委温室气体清单法在城市的实践和城市碳评估的地面数据资源与应用等。

一、城市气候变化综合评估理论模型

IPCC 第五次评估报告（*Fifth Assessment Report*，AR5）[①] 于 2013 年 9 月正式发布。

_____

① IPCC 第五次评估报告（*Fifth Assessment Report*，http://www.ipcc.ch/report/ar5/），在历次评估报告的基础上（1990 年第一次评估报告，1995 年第二次评估报告，2001 年第三次评估报告，2007 年第四次评估报告）形成。

IPCC 第五次评估报告由 800 多名科学家参与编写（图 2-2），并公布了《自然科学基础》、《影响、适应和脆弱性》及《减缓气候变化》等子报告。而《综合报告》是对这些报告成果的提炼和综合，这也使其成为有史以来最全面的气候变化评估报告。

图 2-2　IPCC 第五次评估报告系列报告

IPCC 第五次评估报告指出，当前有多种减缓途径可促使在未来几十年实现大幅减排，大幅减排是将升温限制至 2℃ 所必需的条件，现在实现这一目标的机会大于 66%。然而，如果将额外的减缓拖延至 2030 年，到 21 世纪末要限制升温相对于工业化前水平低于 2℃，将大幅增加与其相关的技术、经济、社会和体制挑战。虽然对减缓的成本估算各不相同，但全球经济增长不会受到很大的影响。在正常情景中，21 世纪的消费每年增长率为 1.6%~3%。大刀阔斧的减排也只会将其减低约 0.06%。

IPCC 第五次评估报告提出了完善后气候变化综合评估模型，即全球耦合模式对比计划第五阶段（coupled model inter-comparison project phase 5，CMIP5），其中采用了地球系统模型[①]和典型浓度路径（representative concentration pathways）[②]（表 2-2），来进行碳排放量的核算，进而预估未来气候系统变化。

IPCC 第五次评估报告最新增加了对土地利用和林业活动的排放计算模型 LULUCF（land use，land-use change and forestry，即土地利用、土地利用变化和林业），发达国家与发展中国家历史累积二氧化碳排放比例发生很大变化，引起争议。中国提出为了保证连续性和可比性，不应对 LULUCF 的规则进行较大的改动。对 REDD（reducing emissions from deforestation and forest degradation，减少森林砍伐和森

---

① 地球系统模型，是一个整合气候变化、天气预报、数据同化和其他地球科学模型的综合模型，通常在超级计算机上运行，其包含基本的数据共享、通信接口等协议。

② 典型浓度路径，是 IPCC 第五次评估报告的四种温室气体浓度轨迹，来描述四种可能的气候未来情景 [RCP2.6，RCP4.5，RCP6 和 RCP8.5，分别对应 2100 年相对于工业化前值（+2.6 瓦/平方米、+4.5 瓦/平方米、+6.0 瓦/平方米和+8.5 瓦/平方米）辐射度]。

林退化带来的温室气体排放计划）议题，各缔约方国家存在争议最多的地方还是集中在对方法学问题的探讨，森林的定义对减少因毁林和森林退化引起的排放有很大的影响，也会影响其他林业减缓选择的可能性，因此，迫切需要阐明何种定义可以被使用；由于火灾、雷电或病虫害等自然灾害，以及土地利用压力和经济发展的限制，可能无法保证森林成为永久的碳库，关于减少毁林的碳信用额是暂时的还是永久的问题，需要国际社会对其进一步讨论。AR5 和 CMIP5 都对区域减排进行了分析，其中部分内容涉及国际大都市区，其分析区域排放的方法也可以作为城市碳排放研究的一个国际通行方法。

表 2-2　IPCC 第五次评估报告的典型浓度路径

情景	情景模型	情景设置	辐射强迫 （瓦/平方米）	CO_2 当量浓度 （毫升/立方米）	温升（℃）
RCP8.5	MESSAGE 模型[1]	温室气体高排放情景，人口最多，技术革新率不高，能源改善缓慢	8.5	1370	2.6~4.8
RCP6	AIM 模型[2]	温室气体排放和物质排放稳定的情景，于 2060 年达到峰值，之后持续下降	6	850	1.4~3.1
RCP4.5	GCAM/MiniCAM 模型[3]	2100 年辐射强迫稳定至 4.5 瓦/平方米，改变能源体系，多用低碳技术及 CCS 技术	4.5	650	1.1~2.6
RCP2.6	IMAGE 模型[4]	累积温室气体排放减少 70%，温升 2℃之内，发展未来低碳技术，彻底改变能源结构的低排放情景	2.6	490	0.3~1.7

注：① MESSAGE 模型是国际应用系统分析学会（International Institute for Applied Systems Analysis，IIASA）的能源系统模型，http://www.iiasa.ac.at/web/home/research/researchPrograms/Energy/MESSAGE-model-regions.en.html
② AIM（Asia-Pacific Integrated Model），即亚太区域整合模型，http://www-iam.nies.go.jp/aim/index.html
③ GCAM/MiniCAM 模型，即全球各区域和经济相关产业的气候变化评估模型，http://www.globalchange.umd.edu/archived-models/gcam/
④ IMAGE（Integrated Model to Assess the Global Environment），即全球环境一体化评估模型，http://www.mnp.nl/en/themasites/image/index.html

二、城市天地一体化的低碳发展关联模型

1. 传统城市研究的天地数据应用

我国学者钱学森、吴良镛、周干峙等很早就关注人居环境下的城市科学研究（吴良镛，2001；周干峙，2002）。沈清基等（2012）、孙施文（2015）等开展了生态

城市实施用地评价等研究。李永浮和党安荣（2009）、姚士谋等（2011，2015）、李德仁（2012）、徐学强等（2015），尝试利用 GIS 数据和系统，来支撑城市科学评估。吴志强和李德华（2010）进一步将空间尺度的数据支撑，融入高密度城镇区的规划设计等工作中。陆大道等（2013）逐渐将地理空间的数据和城镇化发展进行了整合。Weddell（2002）、潘海啸和沈俊逸（2014）、杨东援（2015）、王德等（2015a）、吴志强等（2016）、龙瀛（2016）、Ratti（2017）等进一步在 GIS 数据基础上，建立微观与宏观城市仿真模拟模型，加载车流、生态流、人流等多维数据，来评价城市空间状态的方法。马丁和陈文颖（2013）则通过对上海的案例研究，进行了利用空间数据实现城市低碳发展指数等方面的探讨。但由于学科交叉性，大数据和天地一体化数据的支撑仍然存在标准不统一、落地困难、单一尺度数据无法大面积获得、数据质量等无法评估，以及多源数据融合难以实现等问题。

2. 能源和可持续发展研究的天地数据应用

梁巧梅等（2004）应用情景分析模型对中国能源需求和能源强度进行预测，并尝试通过调查和天地基观测数据来修正模型。牛文元（2008，2014）通过大尺度城市数据和低碳能源数据的研究，跟踪并对全国 300 多个城市的可持续和智慧发展进行了研究。张丽君等（2013）则进一步建立了基于地理空间信息基础的城市碳基能源代谢分析框架及核算体系。复旦大学能源经济与战略研究中心（常征，2012）进一步将这些方法，落实应用到上海绿色转型发展研究。

3. 天地一体化数据研究空间尺度城市应用的落地

在温室气体排放研究上，苏昕等（2013）研究中美贸易间隐含的大气污染物排放估算，利用国家的气象卫星数据和大气模式来研究 IPCC 清单法的碳排放数据及贸易碳足迹。

在人口区域研究上，王德等（2001）、王德和叶晖（2006）、王德等（2015b）开展了我国地域经济差异与人口迁移研究、沪宁杭地区城市一日交流圈的划分与研究和基于参观者行为模拟的空间规划与管理研究。

在利用手机数据研究居民活动上，王德等（2015a）对手机信令数据进行分析，来判断上海不同等级商业中心商圈；周新刚等（2014）则使用动态数据空间分析的不确定性来研究城市中心识别问题。

在地理信息空间应用上，叶嘉安和朱家松（2013）对地理信息系统如何影响城市空间识别与规划和如何实现智慧城市单体尺度编码等开展了大量研究。在城市空间演化和数据获取上，李永浮和党安荣（2009）对中国大城市土地利用集约性的综合评判进行了系统研究；龙瀛等（2010，2011）开展了基于约束性元胞自动机（cellular automata，CA）方法的北京城市形态情景分析研究，并探讨了城市系统微观模拟中的个体数据获取新方法。

第三节　城市碳评估研究数据文献综述[①]

一、城市碳评估的卫星数据资源与应用

国际上已在多年内，部署了 CO_2 和 CH_4 等气体的监测卫星，其中，日本首颗温室气体监测卫星（the greenhouse gases observing satellite，GoSAT），主要用于 CO_2 和 CH_4 的监测，于 2009 年 1 月发射，观测数据超过 250T，目前日本已发射第二颗卫星GoSAT2。美国 2014 年 7 月发射成功的 OCO-2 卫星，主要用于 CO_2 的监测，已共享数据 40T，并反推历史的碳排放数据，形成基于大气模拟仿真的全球 CO_2 观测数据，基于该卫星部署的 Megacities 等项目，已针对全球多个大都市开展研究，并规划了后续的卫星 OCO-3。法国也规划了其温室气体观测卫星 MicroCarb，主要用于 CO_2 的监测，预计于 2020 年前后发射（图 2-3）。

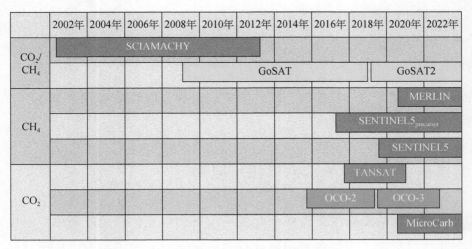

图 2-3　国际温室气体监测卫星规划

资料来源：Ciais et al.，2014

[①] 本节作者：汪鸣泉。

我国首颗碳卫星 TanSAT 已于 2016 年 12 月发射，主要用于 CO_2 的监测，同时，我国的高分五号遥感观测卫星也搭载了温室气体观测载荷，可以对相关温室气体数据进行监测。我国的风云三号 D 星遥感观测卫星也搭载了温室气体观测载荷，可以对相关温室气体数据进行监测。

不同的碳卫星观测城市区域和国家区域的颗粒度使得不同精度和不同地理尺度下的观测不确定性差异较大，其中，按照观测的类型可以分成几类不同的卫星数据源，根据 Ciais 等（2015）的研究，目前主要有 ASCOPE 的激光雷达观测数据、ARIS 的中红外反射观测数据、SCIAMACHY 的近红外反射观测数据（2002 ~ 2009 年），GoSAT 的近红外反射观测数据（2009 年启动），以及 OCO-2 的近红外反射观测数据（2014 年启动）。

根据 Ciais 等（2015）的研究，集中观测的区域面积越大，则同一观测时间段内，相对观测的次数越多，不确定性越低；反之，集中观测的区域面积越小，则同一观测时间段内，相对观测的次数越少，不确定性越高（表 2-3）。

表 2-3　不同卫星观测的差异

序号	卫星数据源	发射时间（年）	观测幅宽（千米）	数据类型
1	CarbonSAT	2020	500	CO_2/CH_4
2	OCO-2	2014	10	CO_2
3	TanSAT	2016	20	CO_2
4	GoSAT	2009	640	CO_2/CH_4

资料来源：Ciais et al. ，2015

在卫星观测城市这一尺度时，往往采样点过少，而使得数据量不够。因此，要考虑通过清单数据等进行联合校正。

二、城市碳评估的清单数据资源与应用

编制温室气体清单是应对气候变化的一项基础性工作。通过清单可以识别出温室气体的主要排放源，了解各部门排放现状，预测未来减缓潜力，从而有助于制定应对措施。根据《联合国气候变化框架公约》要求，所有缔约方应按照《IPCC 国家温室气体清单指南》编制各国的温室气体清单。我国于 2004 年向《联合国气候变化框架公约》缔约方大会提交了《中国气候变化初始国家信息通报》，报告了 1994 年

我国温室气体清单，2008 年我国又启动了 2005 年国家温室气体清单的编制工作。
2010 年 9 月，国家发展和改革委员会办公厅正式下发了《关于启动省级温室气体清
单编制工作有关事项的通知》，要求各地制定工作计划和编制方案，组织好温室气体
清单编制工作。

国际上碳排放清单的数据主要可以分为以下几类。

1. 基于区域尺度的能源和排放数据的清单

基于区域尺度的能源和排放数据的清单成果包括：①全球层面的清单，如
EDGAR 全球温室气体清单（version-4.2 FT2010），精度为 10 千米；②国家层面的清
单，如基于 VULCAN 2002 数据的年度美国排放地图（version-2.2），精度需根据排放
源而定；③城市层面的清单，基于 IER、Stuttgart 2007 数据的年度巴黎排放地图（全
欧），精度为 10 千米。

这一类清单数据的精度一般在 10 千米左右，对一个 100 千米的区域来说，其精
度往往无法反映城市某一个特定区域的排放特征，因此，该类清单数据对精度要求
较高，而这与排放源数据的精度有直接关系。具体的研究方法，见本章第四节。

2. 基于行政区划的能源和排放数据的清单

基于行政区划的能源和排放数据的清单成果，如 Jones 和 Kammen（2014）发表
了基于 zipcode 调查数据的美国各城市排放清单地图，这些数据涵盖了美国 31 531 个
邮编的能源消耗、出行和生活等统计及调查数据，并开展了全美整体排放、食物生
产排放、服务业排放、电力消耗排放、住房消耗排放、交通运输能耗排放、物品消
耗排放及燃料产生的排放，包括天然气消耗排放等研究。

这一类清单数据的精度一般会根据该行政区划的面积而定，该清单数据可以说
是最完美的数据，既能反映其交通出行的数据（交通排放数据往往在传统清单中难
以反映），也能反映不同能源消耗、食物消耗、产业类型和居住商业类型等对排放的
影响。但该清单数据对更新的要求较高，而每次更新数据所花费的时间、费用很高。
具体的研究方法，见本章第四节。

3. 基于特定城市的排放源数据的清单

基于特定城市的排放源数据的清单成果，如 Rao 等（2015）发表了基于特定城
市的排放源数据的清单地图，这些数据涵盖了美国印第安纳州 Marion 县的能源消耗、
出行和生活等统计及调查数据，以及基于这些数据建立的城市级碳排放可视化系统，
对印第安纳州 Marion 县开展了交通、大型建筑、不同用地类型和建筑类型等的排放
研究。

这一类清单数据的精度一般会根据城市不同的区域而产生差异，这一类清单数据依赖于特定城市的用地（城市用地、农业用地等）、建筑（商业建筑和居住建筑等）、工业（能源消耗相关的产业位置、能源利用形式和产量规模等）及交通（交通走廊、汽车和公共交通等出行模式）等详细的城市基础设施和运行数据，该数据可以与智慧城市或城市的智能化信息平台整合，提供动态更新的数据。但该清单数据的格式和标准等因为城市不同而不同，因此，很难形成统一的模式来对不同城市进行比较。具体的研究方法，见本章第四节。

三、城市碳评估的地面数据资源与应用

Megacities 项目在地面建立了高塔站、地面观测站和移动车辆等多种观测方式，来进一步优化卫星观测能力。同时通过洛杉矶项目的推广，进一步提升全球各个大都市区碳排放观测的能力。主要解决以下几个问题：①碳排放的数据源问题：怎样的解析度满足分析的基本需求？②自下而上及自上而下，GoSAT 和 OCO-2 的经验如何应用到洛杉矶和其他大城市？③卫星与地面数据的结合。多少站点足够各个数据源进行校正？④城市碳通量与社会、技术、经济、机构之间的联系，不同城市规模如何对应工业或交通排放类型？⑤政策解析。如何建立观测手段与减排措施之间的关系联系？

为此，Megacities 项目形成了一整套地面数据采集的技术方法，并在示范项目中不断优化其设备部署，其核心即如何最小化和最优化布置其站点，以便更好地为卫星校核提供地面数据支撑，如图 2-4 所示。

为了完善这一体系，主要有以下几个方面的数据采集方式。

1. 地面高塔站排放源数据采集方式

JPL 在 1737 米高山（Mt Wilson）建有观测站，这一观测站装配有新一代卫星载荷模块，通过提供实时更新的城市温室气体排放数据，来为国际碳排放卫星服务。这一观测站，可以同时针对二氧化碳和甲烷的含量进行观测，并在白天时可每隔 90 分钟对整个洛杉矶进行一次扫描。

2. 地面固定站排放源数据采集方式

美国国家海洋与大气管理局负责通过仪器，对洛杉矶地区化石燃料产生的排放和生物原因产生的排放，从碳排和碳汇两个角度进行甄别。Megacities 项目地面固定站布局见表 2-4。

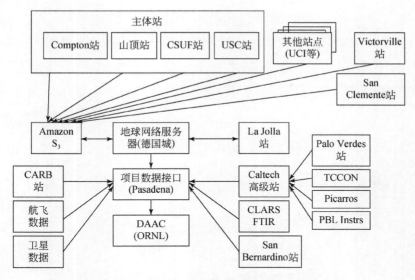

图 2-4 Megacities 项目地面数据采集系统

资料来源：http://megacities.jpl.nasa.gov

表 2-4 Megacities 项目地面固定站布局

编号	站点名称	状态	CO_2	CO	CH_4	站点备注信息
1	Mt Wilson	运营中	I/C	I/C	I/C	山顶/地面站，非标准
2	Caltech	运营中	I/C	I/C	I/C	10 米/40 米屋顶，非标准/标准
3	Granada Hills	运营中	I	I	I	50 米高塔，标准
4	USC	运营中	I	I	I	50 米高塔，标准
5	Compton	运营中	I	I	I	45 米高塔，标准
6	Palos Verdes	运营中	I			地面站，非标准
7	San Clemente	规划	I	I	I	10 米屋顶，标准
8	La Jolla	运营中	I	I	I	10 米屋顶，Scripps 标准
9	CSU Fullerton	规划	I	I	I	50 米屋顶，标准
10	Claremont	运营中	I	I	I	10 米屋顶，非标准
11	San Bernardino	运营中	I	I	I	60 米高塔，非标准
12	Victorville	运营中	I		I	70 米高塔，树立于山顶，标准
13	Dryden	运营中	C	C	C	TCCON；非站点采样
14	UC Irvine	规划	I		I	20 米屋顶，标准
15	Riverside	研究中	I		I	30 米+高塔，标准
16	LA Live	研究中	I		I	200 米屋顶，TBD 标准

注：I 代表连续的站点观测（24 小时不间断），C 代表特定时间的观测（如只采集白天数据），数据更新时间为 2014 年 08 月，见 http://megacities.jpl.nasa.gov

利用二氧化碳摩尔分数观测洛杉矶的 Δ（^14）C 和 δ（^13）C 在内陆地区的 Pasadena（2006～2013 年）和海边地区的 Palos Verdes peninsula（2009～2013 年的秋季）；Pasadena 下降的 10% 二氧化碳来自于 2008～2010 年的经济衰退（图 2-5）。Hestia-LA 的化石燃料二氧化碳排放从低一级城市到洛杉矶大都市区的变化与风向也紧密相关。

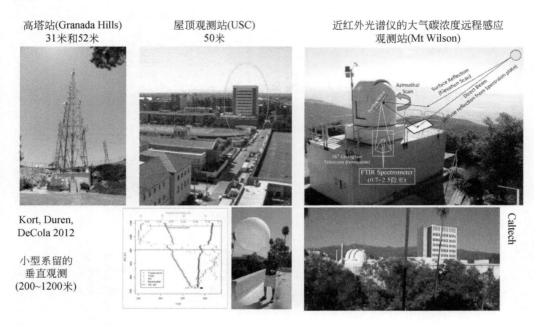

图 2-5　Megacities 项目地面固定站现场效果

注：站点布局主要考虑不同的城市功能、地形地貌、海洋、风、气象的影响等。

见 http：//megacities. jpl. nasa. gov

美国国家标准技术研究院（National Institute of Standards and technology，NIST）则对温室气体采集的方式方法建立标准，主要包括：①NIST 印第安纳波利斯通量实验（Indianapolis Flux Experiment，INFLUX）项目，该项目在全市建立了 12 个高塔站，用于提供连续的二氧化碳排放数据，完成区域和全球数据的校正。②NIST 洛杉矶 Megacities 项目，该项目对温室气体采集的方式方法建立标准，并对不同的数据和采集方式进行打分（0～10 分）。③东北城市走廊测试（Northeast Corridor Urban Test Bed）项目，该项目对美国东北部的城市走廊进行测试，并重点对华盛顿和巴尔的摩都市区进行了研究。

第四节　城市碳评估研究方法文献综述

一、温室气体清单法在城市的实践[①]

已有较多学者对中国城市碳排放核算的方法学及其不确定性来源进行了研究。陈操操等（2010）对国内外城市温室气体清单法和案例进行了回顾与展望，研究内容主要集中在比较城市温室气体清单和国家温室气体清单编制方法、联系和区别方面，分析温室气体清单编制的不确定性，在此基础上提出可借鉴的经验与启示，以期推动我国城市温室气体清单研究的发展。

蔡博峰等（2009）介绍分析了城市温室气体清单相对国家温室气体清单的特征，即城市温室气体清单编制往往采用消费模式，区别于国家温室气体清单的生产模式；国际城市温室气体清单中往往包括了由于外调电和供暖产生的二氧化碳排放，同时城市温室气体清单编制的灵活性和针对性更强。针对我国城市温室气体清单研究的不足，提出了我国城市温室气体清单编制方法，强调中国城市采用范围一+范围二，暂不考虑范围三，即生产+消费的混合模式，并且在城市市域温室气体排放研究的基础上，加强狭义城市温室气体排放水平的研究。

李晴等（2013）首先总结了城市温室气体清单与国家温室气体清单在关键排放源、编制模式和方法体系等方面的差异；其次在此基础上结合我国城市实际，对适合中国城市的温室气体清单编制方法进行了探索，并针对清单编制过程中存在的具体问题提出了建议；最后对未来城市温室气体清单的发展趋势进行了展望，以期为中国温室气体清单编制及研究提供借鉴。

丛建辉等（2014）从不同角度梳理、辨析了"直接排放与间接排放"、"组织边界排放与行政地理疆界排放"和"范围一排放[②]、范围二排放[③]与范围三排放[④]"等9种城市碳排放核算的边界界定方法，理清了各种界定方法之间的关系，讨论了间接

---

① 本部分作者：李青青。
② 范围一排放：在城市地理边界内发生的排放。
③ 范围二排放：城市地理边界内活动消耗的来自电网的电力相关排放，以及来自集中供暖和供冷的热力、蒸气和/或冷力相关的排放。
④ 范围三排放：除范围二排放以外由城市边界内活动引起的其他边界外排放。

排放在各种城市碳排放清单指南中的计入程度，发现各种清单指南都把范围二的排放核算在内，而纳入范围三的排放部门数量和纳入方式不尽一致，分析了生产视角核算与消费视角核算各自存在的优劣势，认为消费视角核算是未来城市碳排放核算方法发展的重要方向，并介绍了范围一排放、范围二排放与范围三排放的测度方法，提出了应用各方法时需注意的问题，建议各类城市温室气体清单编制组织应联合起来对范围三排放进行更明确的定义和分类，规范核算流程与测度方法，以完善城市温室气体清单编制的国际方法学。同时基于中国城市的特殊性，建议中国城市应根据核算目的灵活选择核算边界，加强城市之间的协调减排，对既有的一些政策措施进行重新评估与修订；国家在向城市分解减排指标时，要首先界定好核算边界，明确测度方法，并注重从行业监控角度控制航空与电力部门的温室气体排放。

白卫国等（2013）基于中国城市温室气体清单编制已有研究，探讨清单定位、清单框架、清单边界、清单范围 4 个关键问题。根据中国垂直行政管理特点，中国城市温室气体清单编制应该与省级温室气体清单编制保持一致；同时，中国与国外城市温室气体清单要具有可比性；根据城市温室气体排放特征，建立涵盖城市、中心城区、镇 3 种类型的温室气体清单编制方法和流程等的清单框架；清单边界按照行政管辖区进行界定，既利于地方政府切实掌握行政管辖区温室气体排放整体状况，又利于对城市控制温室气体排放目标的分解和考核；清单范围包括直接排放和间接排放，有利于突出城市温室气体排放特点，并且实现国际城市之间的可比性。

庄贵阳等（2014）认为，国家和省级控制温室气体排放目标在城市层面落实，需要以城市温室气体核算为基础。城市由于间接排放较多，其温室气体清单编制方法与省级清单编制方法有所不同。考虑到中国自上而下的垂直管理体系，需要城市清单与省级清单实现功能对接。构建了中国城市电力消费间接排放的拆分方法，把城市电力调入调出的间接排放拆分为省际和省内的电力消费间接排放，理论上便可以实现城市清单与省级清单的对接，并以江西省为例进行了实证研究，从而为城市温室气体排放清单编制及应用提供理论及方法支撑。

二、国家发改委温室气体清单法在城市的实践[①]

中国是《联合国气候变化框架公约》首批缔约方之一，作为发展中国家，属于非附件一缔约方，不承担减排义务，但需提交国家信息通报。国家信息通报的核心内容是二氧化碳（CO_2）、氧化亚氮（N_2O）、甲烷（CH_4）3 种温室气体各种排放源和吸收汇的国家清单，以及为履约采取或将要采取的步骤。

2004 年中国首次完成《国家信息通报》，对 1994 年中国温室气体排放量分别进行了初步统计，2013 年国家跟进发布《中华人民共和国气候变化第二次国家信息通报》，对 2005 年的 CO_2 数据进行初步统计，并首次涵盖香港、澳门地区。与 1994 年国家温室气体清单相比，2005 年国家温室气体清单编制的核心排放领域一致，主要包括能源活动、工业生产过程、农业活动、土地利用变化和林业、废弃物处理五大领域；涉及的温室气体，2005 年扩展为二氧化碳、甲烷、氧化亚氮、氢氟碳化物、全氟化碳、六氟化硫六种温室气体。

两次排放清单数据详见表 2-5。此外，省级温室气体清单的编制工作也在不断推进，2010 年 9 月，国家发改委办公厅下发了《关于启动省级温室气体清单编制工作有关事项的通知》（发改办气候〔2010〕2350 号），要求各地组织好温室气体清单编制工作，并于 2011 年发布《省级温室气体清单编制指南》，基本采用了《IPCC 国家温室气体清单编制指南（2006 年）》提供的方法，促进各省温室气体数据统计工作的有序开展。

表 2-5　国家 1994 年和 2005 年二氧化碳排放清单数据　　　　（单位：亿吨）

年份	排放总量	能源活动	工业生产过程	农业活动	废弃物处理	土地利用变化和林业
1994	30.73	27.95	2.78	0	0	−4.07
2005	59.76	54.04	5.69	0	0.027	−4.22

与国家层面温室气体排放研究相比，国内对城市温室气体的研究相对较少，城市温室气体清单目前仍停留在研究层面。2009 年蔡博峰等出版了《城市温室气体清单研究》，针对当前主流的城市温室气体研究组织和机构，介绍并对比了城市温室气

[①]　本部分作者：尚丽。

体清单研究方法和特征。华东师范大学郭运功（2009）以上海为例对能源利用情况进行梳理，并分析了能源利用部门二氧化碳排放总体特征和能源密集部门的碳排放特征。2010 年 4 月陈操操在"北京市低碳经济发展"的学术研讨会上，对比分析国内外城市温室气体研究进展，并以北京市温室气体排放核算为案例开展城市排放清单核算介绍。2011 年顾朝林等重点介绍了国际通用的城市温室气体清单编制方法和中国现状城市温室气体排放清单编制的方法，为建立与国际接轨的中国城市温室气体排放清单提供研究基础。2012 年赵敏等基于能源平衡表的数据对上海市二氧化碳排放开展核算，并将电力和热力碳排放分配到终端部门。以上核算多采用 IPCC《2006 年指南》提供的方法，各核算的主要区别在于燃料分类的详细程度及相应碳排放因子的选择。

城市温室气体是温室气体研究的重点和热点，城市温室气体减排也是今后国家温室气体减排的核心领域。中国城市温室气体研究刚刚起步，并且和西方城市在建制市的管辖范围上存在很大差异，数据获取和统计口径差异较大，都使得中国城市难以直接运用国际上通用的城市温室气体清单编制方法。因此，急需对目前主流城市排放核算方法进行研究，开展科学计量，掌握城市温室气体排放结构、排放量和排放特征，尽快建立与国际接轨的中国城市温室气体排放清单。

三、城市碳足迹与温室气体排放核算[①]

1. 生产者视角下的温室气体排放核算

目前，以 IPCC 为主的国际上普遍认可与采用的温室气体排放清单核算方法均以生产者为原则，核算的边界定义为一个国家或地区地理范围内产生的二氧化碳排放量，即从生产者视角来看，核算电厂、工业和交通等温室气体直接排放者的排放量。然而，这种核算方法会忽略引起温室气体排放的经济影响因素，温室气体的排放一方面来源于上述温室气体的直接排放源，而另一方面也来源于这些直接排放源背后隐含的经济驱动力，即消费者对物品和服务的购买行为。因此基于消费者视角的温室气体排放清单核算，能够从全流程核算与评估一个地区的温室气体排放量，掌握温室气体在经济流动中的碳足迹，更有利于制定有效的减排政策措施。

---

① 本部分作者：苏昕。

2. 消费者视角下的温室气体排放核算

核算消费者视角下的温室气体排放，需要掌握商品与服务在各个部门与地区之间的流动及其所隐含的温室气体排放量。目前，基于环境的投入产出法可以实现上述要求，该方法在原有温室气体排放清单的基础上，引入了关联生产者和消费者的投入产出表，从而能够定量评估消费者视角下的温室气体排放量。投入产出表中包含各个部门间服务与商品之间的流转情况，既有原材料的投入量也有成品与服务的产出量与消费量，可以定量化追踪全生产链各部门间的经济流动情况（表2-6）。

目前，已有众多研究者基于该方法对不同地理尺度的消费者视角下的碳排放和能源消耗问题展开研究，如分析全球尺度的各国消费者视角碳排放和贸易碳排放、分析双边贸易导致的碳排放和能源消耗、分析单一国家各种消费类型导致的碳排放和能源消耗。这些研究的主要结论如下：

1）国际贸易相关的碳排放在全球碳排放总量中占有较大比例，接近1/3。

2）发达国家（附件一国家为主）的消费者视角的碳排放量要高于生产者视角的碳排放量，而发展中国家（非附件一国家为主）与之相反。

3）中国的生产者视角与消费者视角的碳排放在总量与来源上均具有较大的差异，生产者视角的碳排放主要来自于能源行业和工业，而消费者视角的碳排放主要来自于工业、建筑业和服务业等，出口贸易和资本投入是消费者视角碳排放的主要驱动因素。

3. 本研究的目标

以往基于消费者视角的碳排放核算研究关注于全球和国家尺度的碳排放问题，经过多年努力建立了全球尺度的基于投入产出方法的碳排放、能源消耗评价方法学与数据库。随着研究的深入，该领域的研究者已经将研究的重点聚焦在城市尺度的消费者视角的碳排放核算问题上。Lindner 等（2013）分析了中国各省份电力行业相关的碳排放问题，指出京津冀和沿海地区的消费型碳排放高于生产型碳排放；付加锋等（2014）指出东三省的消费型碳排放和生产型碳排放存在较大差异；石敏俊等（2012）指出中国东南沿海地区的出口贸易引起的碳排放占本地区总碳排放的30%以上。

上海作为中国经济高度发达的地区和国际化大都市，人均 GDP 领跑全国，人均消费规模可观，因此，从消费者视角核算上海的碳排放对上海整体的低碳发展具有重要意义。同时，上海作为国际化运输港口，其拥有巨大的对外贸易量，国际贸易中隐含的碳排放问题（消费者视角下的碳排放核算问题之一）也是上海碳排放核算的核心问题。

表 2-6　2007 年中国投入产出表框架图

产出＼投入	中间使用			最终使用							总产出
	农林牧渔业	……	公共管理和社会组织	中间使用合计	最终消费	资本形成总额	出口（流出）	进口（流入）	其他	最终使用合计	
					居民消费（农村居民消费／城镇居民消费）、小计、政府消费、合计；固定资本形成总额、存货增加、合计						
中间投入：农林牧渔业、……、公共管理和社会组织、中间投入合计	第Ⅰ象限				第Ⅱ象限						
增加值：劳动者报酬、生产税净额、固定资产折旧、营业盈余、增加值合计	第Ⅲ象限										
总投入											

基于以上分析，以上海等典型城市为主，采用基于环境的投入产出法，从消费者视角核算上海等典型城市的碳排放量，重点评估其国际贸易中隐含的碳排放问题将是本研究的重点。

四、城市碳排放的预测与规划评估现状[①]

近年来，众多学者对城市的碳排放预测与规划进行了研究，其中，从行业角度，交通、工业是中国城市碳排放预测研究的重要行业；北京、上海、天津和杭州等经济较发达城市的研究较多；从方法学的角度，长期能源替代规划系统（long- range energy alternatives planning system，LEAP）模型、灰色模型、系统动力学（system dynamics，SD）仿真模型是比较主流的研究方法。

张琳翌（2015）在介绍 SD 的基本理论基础之上，以 2005～2012 年为模拟区间，选取杭州市交通能源消耗与碳排放系统的基本变量指标建立 SD 流量图和方程，构建了杭州市交通能源消耗与碳排放的 SD 仿真模型。利用 Vensim- PLE 软件对此系统进行仿真预测，预测出 2012～2020 年杭州市私家车、出租车及公交车的数量、出行量和城市交通能源消耗总量与碳排放量并检验了 SD 模型的稳定性，进而依据所构建的 SD 仿真模型，并基于杭州市"十二五"期间的交通发展规划要求的大力发展公共交通，投放更多公交车数量，使杭州市公交车的数量至期末增加至 9040 辆，且使得公共交通出行分担率达到 40% 的目标，设置了执行杭州市"十二五"规划中按增投公交车后的年增长率和不执行"十二五"规划公交车数量按其正常年增长率的两种情景，以及控制在这两种情景下对私家车油耗和私家车限购时的数量年增长率的四种方案，并对两种情景下的四种不同方案进行仿真预测和最优方案的比较分析。经过比较研究与评价两种情景下的结果，可得出：降低私家车油耗系数即提高私家车能源利用效率，在增投公交车数量同时对私家车进行限购控制的情景下，不仅可以实现杭州市城市交通规划的总目标，而且能够使得杭州市城市交通能源消耗及碳排放量降至最低。

杨水川（2013）应用情景分析法预测了基准情景和参考情景下的二氧化碳排放水平。2012 年基准情景下太原市居民家庭能源消费的碳排放量为 357.01 万吨，参考情景下值为 319.57 万吨；2015 年基准情景下天津市居民生活消费二氧化碳排放量为

---

① 本部分作者：李青青。

442.53 万吨，参考情景下值为 389.19 万吨。

高杨（2014）通过对多种预测方法的比较，从中选取了灰色系统理论和回归分析法对天津市 2010~2020 年工业碳排放量进行了预测，提出了天津市低碳城市建设的发展思路，建立了天津市低碳城市建设的指标体系，并对天津市低碳城市建设的潜力进行分析，为天津市制定低碳城市建设规划提供了新思路。

李健（2016）选取天津市作为大型工业城市的代表，利用 PLS-STIRPAT 模型对影响天津市 1995~2013 年的碳排放因素进行实证分析，并利用灰色模型预测天津市 2020 年能源强度。研究结果显示，人口数量和第二产业比例是影响天津市碳排放最主要的两个因素，能源强度和第三产业比例抑制天津市碳排放量的增加，且天津市目前不存在环境库兹涅兹曲线；利用 GM（1，1）预测可以得出，2020 年天津市能源强度为 2005 年的 44.76%，降幅达到 55.24%，优于全国的减排标准。

2016 年，中国城市达峰先锋联盟（Alliance of Peaking Pioneer Cities of China，APPC）发布了《城市达峰指导手册》，提出了情景分析及减排目标设定的方法，设置基准情景、强化减排情景、低碳情景，提出了"自下而上"分析法预估峰值、采用 LEAP 模型分析趋势的方法等，提出了一系列达峰保障措施，并指出，低碳转型标志着经济持续增长与碳排放应该实现"脱钩"，在优化产业布局、减少高耗能产业比重、呼吁产业创新的同时，积极调整能源结构、发展可再生能源、支持资源循环利用，并且需有序进行碳核算，发展碳市场，进行立法、税务改革等制度改进，对城市减排达峰进行全方位的支持。该手册对城市进行碳排放预测与规划提供了较为实用的操作方法，具有重要意义。

五、城市低碳评价指标体系研究[①]

全球人为源碳排放的 70% 来自于城市，科学的城市低碳评价可以为城市碳减排指明方向。针对可持续发展和生态城市等概念，我国各部委、各地区先后制定了生态市评价指标、新能源示范城市评价指标与生态文明建设试点示范区评价指标等相关的政策和标准，但是不同的政策标准各有侧重。大部分指标体系关注经济、能源、人口及环境的各个方面，少数指标关注低碳或气候变化相关的主题。

---

① 本部分作者：尚丽。

在指标的应用方面，通过对国内外 15 套完整的指标体系，共计 173 个指标的使用频数展开分析，数据显示，70% 的指标在 15 套指标体系中只使用了一次，其中的 166 个指标在不同城市低碳评价体系中的使用频数为 1 ~ 3（图 2-6），说明不同城市低碳评价在指标的选择上存在较大的差异。

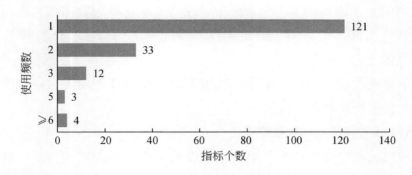

图 2-6　指标使用频数的统计

此外，目前城市低碳评价的数据主要来自国家/地区的统计年鉴，由于指标数据的可获得性，基于统计数据的指标体系主要应用于地级及以上城市，且时效性滞后。国内外机构低碳评价指标体系的应用情况见表 2-7。

表 2-7　国内外机构低碳评价指标体系的应用情况

指标名称	机构	应用区域	制定时间（年）	所评价对象的年份
城市低碳经济发展水平的衡量指标体系	世界自然基金会	深圳市	2011	2009 年
亚洲绿色城市指数	经济学人智库与西门子	北京、上海、南京、武汉和广州	2011	除交通指标采用 2010 年，其他指标为 2009 年及以前
低碳指标清单	世界银行	中国四个直辖市	2012	2010 年及以前
中国城市低碳发展评价综合指标体系	中国社会科学院城市发展与环境研究所	德州市、昆明市和保定市等典型城市	2012	2005 年和 2010 年
城市低碳发展指标体系	中国科学院上海高等研究院	中国 262 个地级及以上城市	2014	2011 年

同时，基于统计数据的指标体系可以实现对城市低碳发展水平的综合评估，但是结果建议在促进政策的实施方面存在问题。以"提高城市碳汇"的建议为例，很难直接促进政策的实施，如果关于城市碳汇的指标数据带有空间信息，评价的结果

能够直观地反映城市不同区域的碳汇现状和需求，相应的政策就可以有重点、有目标地提高城市碳汇。蔡博峰等（2009）的研究也指出，中国二氧化碳排放空间格局受重点城市影响和驱动，开展城市层面的空间排放分析更具有政策针对性。然而，与低碳发展直接相关的具有空间信息的碳源、碳汇、碳浓度数据未被纳入目前的研究当中，在调研的 173 个指标中，仅有 5 个指标的数据来自遥感监测，目前城市低碳评价指标体系忽略了城市碳排放空间相关的特征，已有评价体系较少包含时空信息的指标。

基于以上分析发现，为更好地促进城市低碳建设的良性发展，对城市低碳评价指标体系的未来发展提出以下建议。

1. 完善针对城市低碳的相关规范标准

以低碳城市试点建设为抓手，细化生态发展在碳减排方面的要求，捕捉城市低碳发展的共性特征，形成专门推动我国城市低碳发展的规范或标准；基于统一的规范，逐步构建我国的城市低碳评价体系。在满足共性要求的同时，每个城市可以根据自身区域的特点进行有侧重的指标筛选，一方面能够提高城市低碳发展水平的可比性，有效增强全国低碳城市的建设活力；另一方面，可以为各个城市的低碳创新保留空间，促进因地制宜地开展低碳建设。

2. 提高监测数据的质量和应用

数据的可获取性对研究工作的开展至关重要。随着环境监测技术的迅速发展，各地区、各部门应高度重视应对气候变化相关的统计工作，特别是进一步加强二线、三线等低行政级别城市的数据统计。随着碳卫星 TanSAT 的成功发射，不同空间尺度的碳排放数据将得到极大的完善，提高"天、地、空"监测数据的质量，扩大卫星、遥感数据在评价指标体系的应用非常必要。

3. 构建基于时空信息的城市低碳评价指标体系

区别于基于统计数据的指标体系，设定基于时空信息的指标体系一方面能够更加全面地认识城市的碳排放特征；另一方面，带有时空信息的指标体系促使政策的针对性更强，评价的产出不仅是获得量化的数据或者定性的结论，同时可以结合空间地理位置，进一步明确问题所在的区域，提高评价结果的实施性。将传统统计数据与卫星遥感监测数据相结合，不仅可以提高城市低碳评价的时效性，同时，可以有效促进城市碳排放空间格局的规划发展。

六、城市碳排放的空间集聚效应研究[①]

由于中国幅员辽阔，各地区的经济发展差异较大，各省份在制定减排目标时，需要根据各地区排放的空间特征，进行差异化处理。由于区域贸易和产业的区域集聚效应，我国各省份的碳排放存在一定程度的集聚效应，即碳排放较高的地区及其典型行业较为集中集聚。目前，已有学者就中国各省份碳排放量和碳排放强度的空间集聚效应展开研究。张翠菊和张宗益（2016）发现，中国区域碳排放强度具有较强的空间自相关性，其受经济密度、大城市比重及建成区比重的影响显著。刘佳骏等（2015）发现，碳排放强度溢出效应显著区域主要集中在东部沿海经济发达省区与中西部传统能源产品输出省区。孙耀华和仲伟周（2014）发现，能源效率、能源消费结构对我国的碳排放强度空间集聚效用具有正向作用，而人均收入、工业化和城镇化水平则具有负向作用。岳瑞峰和朱永杰（2010）采用聚类分析法分析了碳排放强度与人均碳排放，发现经济强省大多属于"高排放"类型。

中国的碳排放主要来自火力发电行业、钢铁冶炼及水泥生产，目前的研究大多集中在各省碳排放总量及其碳排放强度的空间集聚效应的分析上，并且通过计量经济学的方法寻找空间集聚效应的影响因素，而较少关注分析这些重点排放行业的空间特征。

研究中，多采用莫兰指数（Moran's I）等空间计量方法来分析该问题。全局莫兰指数反映观测对象在空间上的集聚效应，具体计算公式如下。

$$I_{k,t} = \frac{\sum_{i=1}^{n} \sum_{j=1}^{n} W_{ij} (E_{i,k,t} - \bar{E}_{k,t})(E_{j,k,t} - \bar{E}_{k,t})}{S_{k,t}^2 \sum_{i=1}^{n} \sum_{j=1}^{n} W_{ij}}$$

$$S_{k,t}^2 = \frac{1}{n} \sum_{i=1}^{n} (E_{i,k,t} - \bar{E}_{k,t})^2, \quad \bar{E}_{k,t} = \frac{1}{n} \sum_{i=1}^{n} E_{i,k,t}$$

式中，$I_{k,t}$ 表示 k 行业在 t 年份的全局莫兰指数；$E_{i,k,t}$ 表示 i 省份 k 行业在 t 年份的碳排放量或碳排放强度；$\bar{E}_{k,t}$ 表示所有省份 k 行业在 t 年份的碳排放量或碳排放强度的平均值；$E_{j,k,t}$ 表示 j 省份 k 行业在 t 年份的碳排放量或碳排放强度；W_{ij} 表示空间邻接

[①]　本部分作者：苏昕。

矩阵，当实体 i 与实体 j 拓扑相邻具有公共边界时，其值为 1 否则为 0；$S_{k,t}^2$ 表示 k 行业在 t 年份各省的碳排放量或碳排放强度的方差。

通过上式可计算出任意年份任意行业省际的碳排放量和碳排放强度的全局莫兰指数，该指数的取值为-1 ~ +1，接近+1 表示空间正相关，接近-1 表示空间负相关，0 附近不具有空间相关性。

全局莫兰指数虽然可以反映观测对象在空间上的集聚程度，然而，其内部空间的局部集聚特征无法很好地体现，局部莫兰指数则可很好地解决这个问题，具体计算公式如下。

$$I_{i,k,t} = \frac{n^2}{\sum_{i=1}^{n}\sum_{j=1}^{n} W_{ij}} \times \frac{(E_{i,k,t} - \bar{E}_{k,t}) \sum_{j=1}^{n} W_{ij}(E_{j,k,t} - \bar{E}_{k,t})}{\sum_{j=1}^{n}(E_{j,k,t} - \bar{E}_{k,t})^2}$$

式中，$I_{i,k,t}$ 表示 i 省份 k 行业在 t 年份的局部莫兰指数；n 表示省份总数，其他符号的意义同前。

通过上式可计算出任意年份任意行业各省的碳排放量和碳排放强度的局部莫兰指数。在此基础上，以各省的局部莫兰指数为 X 轴，以其空间相邻省份的局部莫兰指数的平均值为 Y 轴，可以绘制出莫兰散点图，该散点图的第一、第二、第三、第四象限分别表示碳排放量或碳排放强度的"高-高"区、"低-高"区、"低-低"区和"高-低"区。

本研究采用以上方法分析上海等四个直辖市及中国其他省份的碳排放逐年的空间集聚效应，并分析其变化趋势与未来走势。

第五节　城市碳排放核算方法精确性文献综述[①]

不确定性，指缺乏对变量真实数值的了解，被描述为以可能数值的范围和可能性为特征的概率密度函数。IPCC 明确指出，不确定性估算是一份完整的温室气体排放和清除清单的基本要素之一。东西方学界均认为，提供不确定性值对温室气体清单的建立具有重要意义。不确定性取决于分析者的知识状况，即分析者对可用数据的质量与数量及对基础过程和推导方法的了解。

IPCC 指出了清单编制者应当考虑 8 种人类主要的不确定性原因，即缺乏完整性、

_____

① 本节作者：李青青。

计算模式偏差、缺乏数据、数据缺乏代表性、统计随机取样误差、测量误差、错误报告或错误分类及丢失数据。可见，不确定性值的大小直接反映了清单研究的质量，代表了温室气体排放的准确性。Marland 等（2014）采用碳价作为评价指标，对不确定性提出了一个新的方法，研究了对碳排放的变量进行成本赋值不确定性变化的实际经济影响，认为：不确定性为 20% 的 1 吨二氧化碳（假定每吨二氧化碳价格为 50 美元），其碳价应当为 60 美元（50+20% ×50＝60）。因此，研究探讨国内外发布的碳排放清单的不确定性，无论是对提高清单质量，还是未来对清单透明度的检验，以及碳市场的健康发展，均具有至关重要的意义。

城市碳评估包括 3 个关键问题，即清单的完整性（含电力、热力的处理问题）、二次能源的碳排放重复计算问题、城市清单与省级温室气体清单的对接问题。

1）清单的完整性（含电力、热力的处理问题）：缺少直接过程中的工业生产过程、农业活动、土地利用变化和林业、废弃物处理几大部分所导致的二氧化碳排放。

2）国内的省级温室气体清单编制采用基于消费的方法。考虑排放责任问题，目前国际上的区域碳核算方法多将此考虑在内，范围二即电力、热力的调入导致的碳排放。城市碳评估应将此做单独的核算。

3）城市清单与省级温室气体清单的对接问题。应考虑对接问题，便于省级政府管理。首先，中国城市碳评估方面，温室气体清单编制方面的统计数据基础薄弱，部分活动水平指标尚未纳入统计体系，现有的能源统计缺乏详细的分部门、分设备、分燃料品种的活动水平数据。同时，由于城市边界的开放性，一些物质和能源的流动缺乏相应的统计记录，部分温室气体排放源信息较难获取，不得不通过其他途径进行推算或估测，降低了计算精度。其次，由于地区性排放因子获取工作的难度较大，多数部门的核算直接采用 IPCC 或 ICLEI 排放因子数据库，其排放因子不能准确反映当地的排放特点。为降低清单不确定性，排放因子的选择应最优先考虑地方实测数据，其次是国内同类或相似地区数据和中国国家数据，最后为 IPCC 指南等推荐的缺省值。

与中国城市尺度温室气体清单相关的主要方法学——国家温室气体清单编制、ICLEI 指南、《省级温室气体清单编制指南（试行）》、城市温室气体清单研究与本研究的对比见表 2-8。

表2-8 国家温室气体清单、ICLEI指南、省级温室气体清单、城市温室气体清单与城市碳评估

项目		国家温室气体清单编制	《ICLEI指南》（政府和社区两个账户）	《省级温室气体清单编制指南（试行）》	城市温室气体清单研究	城市碳评估（数据源一）	城市碳评估（数据源二）
核算内容		能源活动、工业生产过程、农业、林业和土地利用、废弃物处理	能源活动、工业、交通建筑、工业生产过程、农业、林业和土地利用土地利用变化、废弃物处理	能源活动、工业生产过程、农业、林业和土地利用、废弃物处理	电力、供暖、交通及废弃物处理	能源活动（包括十六大重点耗能行业）、工业生产过程（仅包括水泥）	能源活动、工业生产过程（仅包括水泥）
核算气体		CO_2、CH_4、N_2O、$HFCs$、$PFCs$、SF_6	CO_2、CH_4、N_2O、$HFCs$、$PFCs$、SF_6	CO_2、CH_4、N_2O	多数仅核算3种主要温室气体（CO、CH_4、N_2O）	CO_2	CO_2
编制模式		生产模式	消费模式	消费模式	消费模式	生产模式	生产+消费模式
方法体系		自上而下方法（top-down）或参考方法	自下而上方法（bottom-up）或部门方法	自下而上方法（bottom-up）或部门方法	以自下而上方法（bottom-up）为主，自上而下方法（top-down）为补充	自下而上方法（bottom-up）或部门方法	自下而上方法（bottom-up）或部门方法

第六节 小 结[①]

从本章节分析来看，目前已有的城市碳排放的核算和评估研究方法，基本情况可见表 2-9。

表 2-9 城市碳排放核算方法综述

模型类别及关键内容	数据处理	
1 单位 GDP 能耗排放	基于碳专项数据，结合上海市统计年鉴汇总，各区县级的数据根据区县的人均 GDP、单位 GDP 能耗、经济结构建立模型，并将人口、能源和经济总量用均摊法来核算。时间跨度（2000~2014 年），空间尺度（$N=273$）	
2 部门燃料消耗、产业增加值、排放因子（IPCC 方法）	划分标准：工业、交通运输业、建筑业（商业和居民）消费 3 个部门。《IPCC》+《中国能源统计年鉴》+《上海工业能源交通统计年鉴》获得增加值及不同燃料消耗量	（2）基于典型部门的数据统计——建筑业：建筑相关、商业和居民。城市居民出行能源消费量、电力、燃气、热力（集中供暖）、水消费
	（1）基于典型部门的数据统计——工业：测算火电（外输入）、钢铁和水泥等城市行业关键物质的能源消费。根据燃料、电力、热力的活动水平、发热值、含碳量、排放因子	（3）基于典型部门的数据统计——交通运输业：特定车辆数、特定车辆年行驶里程、单位行驶里程的燃料消费量。大都市区的跨界航空交通、铁路和公路等
3 投入产出法	基于投入产出法计算贸易、能耗、排放的产生地和归属地	
4 不确定性	基于工业、建筑业、交通运输业、商业和居民等部门能耗、排放的不确定性研究	
5 天地一体化空间模型	建立城市建筑、居住房屋、商业房屋工业与交通模型，进行不同空间尺度的天地一体化城市能源消费及碳排放模拟。（与碳卫星、地面观测、移动观测数据结合）+（与经济、建设、能源、环境、交通、健康建立六维拓展）	

从以上诸章节的分析，以及表 2-9 的汇总情况来看，要核算城市的碳排放量，并对其低碳发展情况进行综合评估，国内外已有相对较多的文献，但总体来看，有四种普遍的方法：第一种是基于排放清单数据的方法，这类方法的优点是空间上连续，可识别排放源以及不同的能源、行业特征。第二种是基于调查样本数据的方法，这

---

① 本节作者：汪鸣泉。

类方法的优点是对特定区域能形成连续和相对准确的观测数据。第三种是基于卫星观测数据的方法，这类方法的优点是更新周期短、同化后可得到时间及空间连续数据。第四种是基于能源统计数据的方法，这类方法的优点是覆盖面广，基于城市管理的单元。尽管有诸多方法，但目前各类数据和模型方法的最重要问题包括：①寻求一个相对统一的排放核算与评估标准；②建立一个相对科学的评估理论方法体系；③形成动态可更新的评价机制和数据共享机制。因此，本研究旨在吸收以上各类方法的基础上，对中国城市的碳评估研究进行深化，以整合优化并提出更加系统科学的中国城市碳评估研究体系和方法论框架。

|第三章| 上海城市碳排放的现状与评估^①

　　根据《国家新型城镇化规划（2014—2020年）》预测，2020年我国常住人口的城镇化率将达到60%，因此，"十三五"期间将有3.9%的总人口，约5000万人口进入城市。与此同时，联合国环境规划署的预测分析报告表明，城市化石燃料碳排放占全球人为排放的70%。全球经济和气候委员会2015年9月指出，投资城市低排放公共交通、建筑节能和废物管理等，在2030年将实现37亿吨二氧化碳的年减排潜力，并在2050年带来全球17万亿美元的经济收益。因此，在人口进一步集聚到城市的同时，要高度重视城镇化地区的减排，才能有效实现习近平总书记在巴黎峰会中强调2020年我国单位国内生产总值碳排放相比2005年减少40%～45%目标。

　　城镇化地区减排目标的完成将是十三五期间国家减排任务的重中之重。习近平总书记在2015年11月3日关于《中共中央关于制定国民经济和社会发展第十三个五年规划的建议》的说明中，对未来城市节能减排工作做出了明确部署，强调实行能源、水资源消耗与建设用地等总量和强度双控行动。因此，建立城市地区的能源、水资源与建设用地等关联的碳总量和碳强度数据库，开展城市碳排放"计量、检测、预警、评估"研究势在必行。而研究特定城市，如上海的碳排放对中国城市的碳评估研究来说具有典型意义。

　　《上海市城市总体规划（2017—2035年）》将上海的城市性质表述为，上海至2035年建成卓越的全球城市，国际经济、金融、贸易、航运、科技创新中心和文化大都市。这是上海市贯彻中央对上海的新要求。习近平总书记要求上海加快向具有全球影响力的科技创新中心进军，2016年国务院批准的《长江三角洲城市群发展规划》明确提出"以上海建设全球城市为引领"，这些要求都要在上海城市性质中充分体现。建设全球城市，也是上海保持城市性质延续性的要求。2001版上海市城市总体规划对城市性质的表述为，上海是我国重要的经济中心和航运中心与国家历史文化名城，并将逐步建成社会主义现代化大都市，国际经济、金融、贸易、航运中心之一。上海市"十三五"

---

① 本章作者：汪鸣泉、尚丽、苏昕、李青青。

规划提出，到 2020 年基本建成"四个中心"的任务仍然很重，还要继续用力。

建设全球城市也是体现上海参与全球城市竞争的新焦点。当前，纽约和伦敦等全球城市在强化经济等硬实力的同时，也在不断加强城市的软实力。然而，上海 2013 年人均能耗和人均碳排放均高于东京、巴黎、纽约的同期水平。2015 年能源消费量、第二产业能源消费占比、单位 GDP 能耗等主要能源指标明显高于北京，如表 3-1 所示。1990～2015 年上海能源消耗情况见图 3-1。

表 3-1　2015 年上海和北京能源消耗情况比较

项目	上海	北京
GDP（亿元）	25 123	23 015
能源消费量（万吨标准煤）	11 550	6 852
第二产业能源消费占比（%）	54.05	27.75
单位 GDP 能耗（吨标准煤/万元）	0.46	0.30

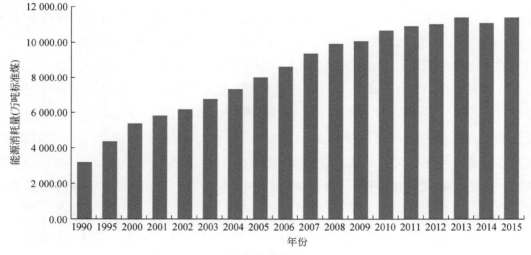

图 3-1　上海能源消费情况（1990～2015 年）

资料来源：《2016 中国统计年鉴》；《2016 中国能源统计年鉴》

第一节　上海城市能源相关数据分析[①]

上海要实现转型升级，构建集合国际经济、金融、贸易、航运、科技创新中心和文化大都市的全球城市，首先要理顺其资源条件约束，来更好地找到未来发展的

---

① 本节作者：汪鸣泉。

驱动力。综合来看，未来上海存在的主要约束有四个方面。

一、土地资源约束

上海地处长江入海口，南濒杭州湾，北、西与江苏、浙江两省相接，下辖 16 个市辖区，面积为 6340 平方公里。上海市十三五规划明确提出，到 2020 年，建设用地不超过 3185 平方公里（2014 年已达 3100 平方公里），图 3-2 展示了中国四个直辖市的建设用地分布和增长情况，可以看到，上海的建设用地面积在四个直辖市里属于最少，未来发展将受到客观空间因素的制约。因此，上海需要实现规划建设用地规模负增长，推进集约节约用地和功能适度调整，提升土地利用绩效。

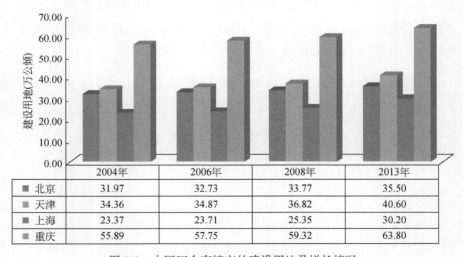

	2004年	2006年	2008年	2013年
■ 北京	31.97	32.73	33.77	35.50
■ 天津	34.36	34.87	36.82	40.60
■ 上海	23.37	23.71	25.35	30.20
■ 重庆	55.89	57.75	59.32	63.80

图 3-2 中国四个直辖市的建设用地及增长情况

资料来源：《2015 中国统计年鉴》；《2014 中国城市统计年鉴》；《2013 中国城市建设统计年鉴》

二、人口规模约束

从 2000～2010 年的城镇化进程来看，上海市人口主要增加在中心城边缘地区及近郊区，主要土地和人口的增长发生在城市的外围，中心城区部分地区人口外迁，人口密度降低，但内环人口密度均值仍达 33 000 人/平方公里，可见人口依然延续圈层蔓延的态势，新城集聚现象不明显。要实现到 2020 年，常住人口不超过 2500 万，需要有效调控人口规模，持续优化人口结构和人口布局，有效调整人口密度和人均建设用地水平，促进宜居城市建设。

三、生态环境约束

上海要实现到 2020 年，能源消费总量控制在年均 1.25 亿吨标准煤的目标，不仅要提升产业能级，调整经济能源布局，更要加强生态环境方面的投入。根据 2040 年上海城市总体规划要求，生态环境方面的总体规划目标是至 2040 年，全市森林覆盖率达到 25% 以上，人均公共绿地面积达到 15 平方米（中心区人均公共绿地面积 2015 年为 7.6 平方米），河湖水面率不低于 10.5%。锚固城市生态基底，确保生态用地只增不减，实现生态空间的保育、修复和拓展，从城乡一体和区域协同的角度，加强生态环境联防联治联控，最终将上海建成更可持续发展的生态之城。

从上海各区县的土地、人口、城镇化及工业企业发展情况来看（表 3-2），城市的各个系统，特别是人口密度、工业总产值、工业企业单位数和工业企业从业人员数等，与城市的低碳发展密不可分。

表 3-2　上海各区县的土地、人口、城镇化及工业企业发展情况（2013 年）

地区	土地面积（平方公里）	年末常住人口（万人）	其中外来人口（万人）	人口密度（人/平方公里）	工业企业单位数（个）	工业企业从业人员（万人）	工业总产值（亿元）
全市	6 340.5	2 380.43	960.24	3 754	9 733	263.23	30 471.57
浦东新区	1 210.41	526.39	222.84	4 349	1 885	65.79	9 199.76
黄浦区	20.46	70.48	18.2	34 448	28	1.5	182.85
徐汇区	54.76	111.12	29.41	20 292	164	4.51	620.01
长宁区	38.3	69.73	17.85	18 206	43	1.04	68.66
静安区	7.62	25.58	6.07	33 570	7	0.13	15.02
普陀区	54.83	129.2	34.66	23 564	125	3.17	213.38
闸北区	29.26	84.61	20.52	28 917	69	2.12	159.38
虹口区	23.48	84.56	18.65	36 014	27	0.51	41.65
杨浦区	60.73	132.07	26.56	21 747	93	3.13	989.67
闵行区	370.75	250.8	126.02	6 765	1 169	34.03	3 626.05
宝山区	270.99	197.19	81.53	7 277	558	13.23	2 361.47
嘉定区	464.2	152.77	88.08	3 291	1 307	34.59	4 273.96
金山区	586.05	76.16	23.64	1 300	723	14.41	1 682.09
松江区	605.64	169.84	104.83	2 804	1 372	40.66	3 571.68
青浦区	670.14	116.98	69.25	1 746	938	20.59	1 492.51
奉贤区	687.39	112.99	57.15	1 644	1 087	19.01	1 594.61
崇明县	1 185.49	69.96	14.98	590	138	4.81	378.82

资料来源：《2014 上海统计年鉴》

四、安全保障约束

加强水资源、能源、信息和生态等重大基础设施支撑保障，提升城市生命线安全运行能力，强化城市防灾、减灾、救灾空间保障和设施建设，提高城市应急响应及恢复能力。

第二节　上海城市转型发展的动力和趋势[①]

上海未来要以创新引领城市功能转型与提升，强化全球资源配置能力，持续提升国际门户枢纽地位，提高国际国内两个扇面的服务辐射能力，促进城市产业向高端化、服务化、集聚化、融合化、低碳化发展，建设更具竞争力的繁荣创新之城。其核心就是要聚焦具有全球影响力的科技创新中心建设，将上海建设成为与我国经济科技实力和综合国力相匹配的全球创新城市。加快建立以科技创新与战略性新兴产业引领、现代服务业为主题、先进制造业为支撑的新型产业体系，提升上海在区域产地分工中的辐射带动作用，从而提升上海在全球经济体系中的话语权与影响力。因此，要突破发展瓶颈，实现未来驱动发展，需要从以下几方面着手。

一、实施创新驱动，激发城市活力

统筹规划、建设、管理三大环节，以规划创新，引领城市发展方式转型，理顺政府、市场、社会三大关系；通过规划土地政策的适度管控、弹性调节，保障和激励社会创新、释放市场活力。

二、推动城市更新，转向存量规划

以存量用地更新，满足城市发展的空间需求，在做好历史文化保护的基础上，探索渐进式、可持续的有机更新模式，促进空间利用向集约紧凑、功能复合、低碳高效转变。

---

① 本节作者：汪鸣泉。

三、提升城市品质，塑造城市精神

创造多元包容的城市公共空间，以社区生活圈组织构筑紧凑的社区生活网络和公共活动网络，营造人与自然和谐共处、历史底蕴和时代特征兼容并蓄的风貌特色。

四、推进城乡一体，引领区域协同

依托城镇圈优化市域城乡空间体系，促进空间布局、产业经济、公共服务、生态保护、基础设施建设的城乡协调发展，面向区域合理布局各类空间资源，加强跨区域的基础设施和生态环境共建共享。

第三节　上海市城市能耗与碳排放分析[①]

世界资源研究所首次提出关于企业温室气体排放清单编制问题。城市层面，为避免重复计算和误解，国际地方环境行动委员会（International Council for Local Environmental Initiatives，ICLEI）按照排放源的地理位置将城市碳排放分为 3 类（表3-3）。

表 3-3　城市碳排放按照排放源的地理位置分类

范围	分类
范围一	指城市地理边界内的所有直接排放，主要包括城镇内部能源活动（工业、交通和建筑）、工业生产过程、农业、林业和土地利用变化、废弃物处理产生的温室气体排放
范围二	城市地理边界内活动引起，产生于辖区之外的间接排放，主要包括为满足城市消费而外购的电力、供热和/或制冷等二次能源产生的排放
范围三	由城市内部活动引起，产生于辖区之外，但未被范围二包括的其他间接排放，包括城镇从辖区外购买的所有物品在生产、运输、使用和废弃物处理环节的温室气体排放

资料来源：ICLEI-Local Governments for Sustainability，2009

参考国家温室气体清单核算范围，二氧化碳排放主要来自能源活动、工业生产过程和废弃物处理。因废弃物焚烧处理占比较小，且难以统计，本次针对上海市的二氧化碳排放核算主要包括范围一（直接排放）和范围二（间接排放）。核算的基

---

① 本节作者：尚丽。

本原理：分部门分燃料品种的能源消费量乘以相应的排放系数和碳氧化率，然后加和即为某一地区的排放总量。

$$二氧化碳排放量 = \sum (活动水平数据_{ij} \times 排放因子_{ij} \times 碳氧化率_{ij})$$

式中，i 为燃料品种；j 为部门活动。

一、上海市二氧化碳直接排放量（能源活动+工业生产过程）

将活动水平数据对比能源平衡表的能源分类及碳排放核算部分法的分类，上海市二氧化碳直接排放的活动水平数据范围包括：①能源生产和加工转换，火力发电和供热；②终端消费量，扣除工业中固定到产品中的部分（非直接燃烧产生二氧化碳）；③工业生产过程，水泥生产和钢铁生产。能源平衡表中"行"为能源流向和各种经济活动，包括可供本地区消费的能源量（与本地能源利用碳排放无关）、加工转换投入产出量、损失量和终端消费量。加工转换投入产出量：火力发电和供热是由燃料的热能转化为电能和热能，其他过程其他加工转换多为物理分选和提炼。损失量：如果是天然气，则要根据石油和天然气系统逃逸排放核算原则测算甲烷产生量（本研究只涉及二氧化碳排放，且该部分排放很小，暂不测算）。终端消费量：能源消费的主体，分为第一、第二、第三产业和民用。其中，扣除工业中固定到产品中的部分对应了碳排放核算中的分部门信息，但两者并不完全一致。

直接排放的排放因子和碳氧化率主要采用《2005 中国温室气体清单研究》因子及部门 IPCC2006 指南推荐值。上海市 2009～2015 年直接排放核算量详见表3-4。

表3-4　上海市 2009～2015 年直接排放的二氧化碳量

年份	2009	2010	2011	2012	2013	2014	2015
二氧化碳排放量（万吨）	19 679.09	21 747.82	22 266.80	21 568.65	23 082.58	21 552.12	21 531.42

二、上海市二氧化碳间接排放量（外调电力）

在各种城市边界界定准则中，理论界定方法对直接排放和间接排放的界定最为清晰、一致，其他界定方法也都不同程度地与之呼应。将间接排放核算在内，可以更全面地反映城市碳排放现状，也能够更为精确地确定碳排放责任主体，提高减排措施的针对性。通过比较不同城市清单指南中间接排放的核算范围，各种清单指南都将外调电力、热力和制冷部门的排放核算在内。对上海市范围二的排放主要来自外调电力。

活动水平数据基于能源平衡表的"外省（区、市）调入量"和"本省（区、市）调出量"之和。排放因子根据国家气候战略中心发布的中国区域电网平均二氧化碳排放因子，其中，区域电网边界详见表3-5。

表3-5　中国区域电网边界

电网名称	覆盖的地理范围
华北区域电网	北京市、天津市、河北省、陕西省、山东省、蒙西（除赤峰、通辽、呼伦贝尔和兴安盟外的内蒙古其他地区）
东北区域电网	辽宁省、吉林省、黑龙江省、蒙东（赤峰、通辽、呼伦贝尔和兴安盟）
华东区域电网	上海市、江苏省、浙江省、安徽省、福建省
华中区域电网	河南省、湖北省、湖南省、江西省、四川省、重庆市
西北区域电网	陕西省、甘肃省、青海省、宁夏回族自治区、新疆维吾尔自治区
南方区域电网	广东省、广西壮族自治区、云南省、贵州省、海南省

上海外调电力排放因子采用华东区域电网平均排放因子。考虑到上海市外来电中一半左右为水电和核电等清洁电力，其他主要为来源于安徽省、江苏省的火电，则上海市外来电的二氧化碳排放可以按照对应年份的华东电网基准线排放系数的1/2进行测算。具体核算结果详见表3-6。

表3-6　上海市2009~2015年间接排放二氧化碳量

年份	2009	2010	2011	2012	2013	2014	2015
二氧化碳排放量（万吨）	1635.63	1512.11	1310.69	1568.13	1777.95	2270.20	2370.16

三、上海市碳排放与其他直辖市碳排放的对比分析

根据同样的方法，对北京市、天津市和重庆市的碳排放开展核算（图3-3）。

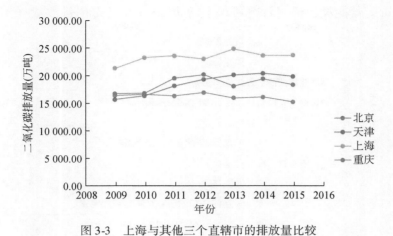

图 3-3　上海与其他三个直辖市的排放量比较

可以看出，上海市的碳排放明显高于其他直辖市的排放量，上海市实施碳减排非常关键。

第四节　上海市重点行业碳排放分析[①]

一、上海市行业终端消费排放量

从城市能源终端消费角度分析减排。对能源平衡表调整说明如下。

1）工业能耗。大工业内涵，包括建筑业；《2005 中国温室气体清单研究》中也指出，工业核算内容主要为"制造业+建筑业"。

2）交通能耗。营运和非营运，交通运输、仓储和邮政业能耗只包括营运交通能耗，非营运交通则分散在工业、建筑业和生活能耗等其他部门，包括农业消费的全部汽油，工业、建筑业消耗的 95% 汽油、35% 柴油，生活能耗的全部汽油、柴油和其他油品；商业与公共部门消费的全部汽油、33.3% 的柴油、33.3% 的液化石油气和 33.3% 的其他油品。

3）建筑能耗。根据住户和城乡建设部规定，建筑使用过程中的能耗，从各部分能耗特征来看，第三产业和民用能耗扣除非营运交通部分主要发生在建筑运营中，

---

① 本节作者：尚丽。

可以作为建筑运营能耗；最终计算可得上海市 2015 年各部门排放量（图 3-4）。

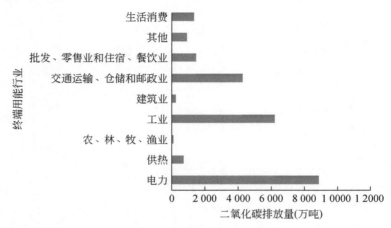

图 3-4　上海市 2015 年各部门二氧化碳排放量

4）电力和热力能耗。本地电力、热力和外来电力分摊到各终端消费部门。计算为生产上海终端部门所需要的电力（热力）的所有发电和产热过程中的碳排放（包括本地和外地碳排放）；除以本地消费电力（热力）总量得到上海市电力平均排放因子；根据各终端消费电量×排放因子，可得各终端电力消费碳排放。具体计算结果见表 3-7。

表 3-7　上海市 2015 年电力行业能耗与排放情况

电力排放总量 （万吨 CO_2）	电力消费总量 （亿千瓦时）	电力平均 排放因子（千克 CO_2/千瓦时）
9085.089	1330.07	0.683

将电力和热力排放分摊到各部门后，排放量情况如图 3-5 所示。

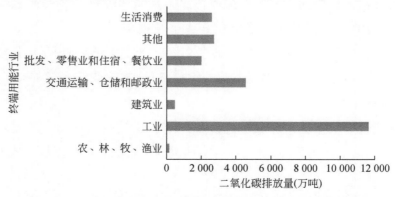

图 3-5　上海市电力和热力分摊到各终端部门后的二氧化碳排放量

　　将电力和热力的二氧化碳排放分配到各部门前后的排放差异，主要取决于该部门电力和热力消费在能源消费总量中的占比，生活消费和其他第三产业电力的间接排放占该部门排放量的50%～60%，工业的间接排放占总排放的40%。因此，对这些部门或行业来说，核算包括电力的间接排放对总排放来说至关重要。

二、上海市能耗排放分析（分产业类型+分能源类型）

1. 城市经济发展和能耗排放

第一产业、第二产业、第三产业和民用能耗排放，见表3-8。

表3-8　上海市第一产业、第二产业、第三产业和民用能耗排放

项目	二氧化碳核算范围	2015年碳排放（万吨CO_2）
第一产业	农、林、牧、渔业	93.47
第二产业	工业、建筑业、交通运输、仓储和邮政业	18 260.92
第三产业	批发、零售业和住宿、餐饮业和其他	4 309.65
民用	生活消费	1 743.78

2. 重点部门能耗排放

工业、建筑业和交通运输、仓储和邮政业能耗排放统计，如图3-6所示。

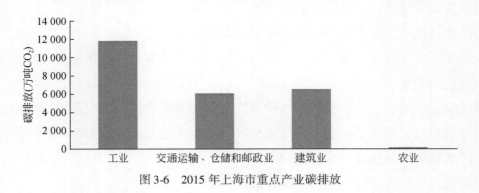

图3-6　2015年上海市重点产业碳排放

　　上海市第二产业中工业排放占比较大，能源利用中煤和油的排放占比较大（图3-7），调整上海的产业结构和能源结构势在必行。

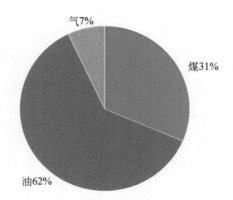

图 3-7　上海市 2015 年分能源类型碳排放占比

第五节　上海市城市碳足迹定量分析与评估[①]

一、消费者视角的城市碳排放定量分析与评估概述

基于本书理论与模型部分的工作，本研究依据基于环境的投入产出法，采用了国内各省份的投入产出表数据，结合各省份的碳排放数据，计算出上海等 4 个直辖市的消费型碳排放量，并进行了对比分析。

生产者视角与消费者视角的碳排放核算的差异来自于碳排放的生产与消费的异地性。为了区分这种差异性，一个城市的碳排放可以分为 3 个部分（图 3-8）：其一，城市内部的消费引起的城市内部的碳排放（图中蓝色箭头），即城市内碳排放；其二，国内城市之间的生产消费引起的碳排放（图中橘黄色箭头），即国内碳足迹；其三，国际城市之间的生产消费引起的碳排放（图中灰色箭头），即国际碳足迹。

生产者视角的碳排放 = ❶+❷+❹

消费者视角的碳排放 = ❶ + ❸ + ❺

两者的差异来自于国内碳足迹（橘黄色箭头）与国际碳足迹（灰色箭头）。传统的以 IPCC 为主的基于生产者视角的排放清单核算方法能够核算出范围❶、❷、❹，而借助于基于环境的投入产出法，本研究可以核算出国内碳足迹❷与❸之间的

---

① 本节作者：苏昕。

差异，以及国际碳足迹❹与❺之间的差异，从而最终获得❶、❸、❺的排放量总和，即消费者视角的碳排放量。

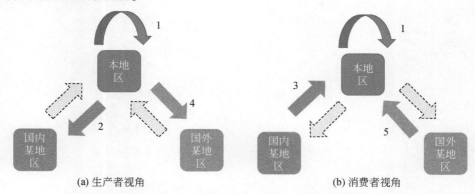

(a) 生产者视角　　　　　　　　(b) 消费者视角

图 3-8　生产者视角与消费者视角下的城市碳排放

二、上海等直辖市消费者视角的碳排放分析与评估

根据以上的定义，如图 3-9 所示，北京、天津、上海和重庆的城市内碳排放分别占到本地碳排放总量的 43%、21%、29% 和 58%，该部分在 2 种视角下的核算量是相同的，而国内城市间与国际城市间的碳足迹分别占到本地碳排放总量的 57%、79%、71% 和 42%，除重庆外其他三个直辖市均超过了一半，因此，如果按照生产者视角与消费者视角分别核算这些城市的碳排放量，将会产生较大的差异。特别地，由于上海和天津作为中国重要的国际贸易港口，肩负着巨大的贸易流转任务，其国际城市间的碳排放占比较大（上海为 47%，天津为 38%）。因此，采用投入产出法分析消费者视角下的港口型城市的碳排放具有重要意义。

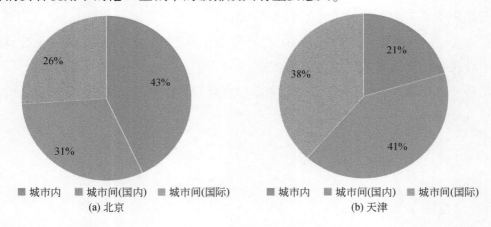

(a) 北京　　　　　　　　　　　　(b) 天津

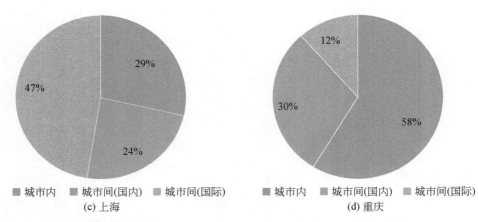

图 3-9　四个直辖市在生产者视角下三部分的碳排放占比（2007 年）

三、上海等直辖市的城市间碳足迹分析与评估

本研究核算了四个直辖市在国内各省份间的碳足迹。如图 3-10 所示，北京、天津和重庆的国内碳足迹主要来自于邻近的省份，如北京的消费型碳排放主要产生于河北、内蒙古和山西，天津的消费型碳排放主要产生于河北、内蒙古和山东，重庆的消费型碳排放主要产生于广西、四川和云南。而上海的国内碳足迹除了临近省份外，也有一部分来自于排放大省，如上海的消费型碳排放主要产生于河北、山东、浙江、河南。整体而言，消费驱动导致的碳排放大部分产生于山西、河北、河南与山东等省份，而地理位置的远近也影响了各直辖市在碳足迹上的空间分布。同时，对中国等幅员辽阔的国家来说，不同地区的经济发展具有差异性，一个国家内的碳足迹也往往在经济发展程度差别较大的地区之间产生。

若采用消费者视角核算四个直辖市的国内碳足迹，则将分别增加 80 百万吨 CO_2（北京）、46 百万吨 CO_2（天津）、101 百万吨 CO_2（上海）和 17 百万吨 CO_2（重庆），与生产者视角相比，增加幅度分别为 286%、112%、240% 和 61%。这说明，仅从国内碳足迹一项来说，若采用消费者视角进行重新核算，四个直辖市的碳排放量将显著增加（表 3-9）。

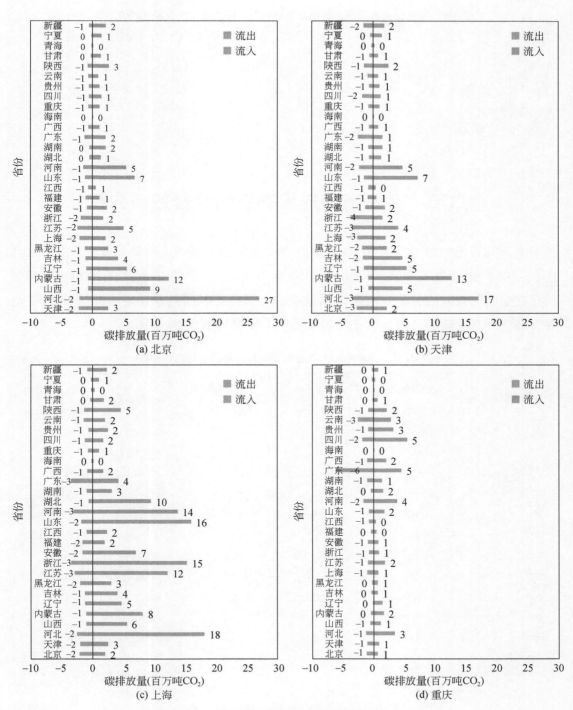

图 3-10 四个直辖市在国内各省份间的碳足迹（2007 年）

表 3-9　基于生产者和消费者视角下的国内城市间碳排放差异（2007 年）

（单位：百万吨 CO_2）

项目	北京	天津	上海	重庆
生产者视角（❷）	28	41	42	28
消费者视角（❸）	108	87	153	45
消费-生产（❸-❷）	80	46	101	17

第六节　上海市碳排放的空间集聚效应分析[①]

本研究首先分析了中国 30 个省份 29 个行业碳排放量的空间集聚效应。结果发现（表 3-10），全行业、煤炭开采和洗选业、电力热力的生产和供应业在 2000~2014 年均存在空间集聚效应，非金属矿物制品业、金属冶炼及压延加工业在"十一五"期间存在空间集聚效应，其他行业的集聚效应不显著（表 3-10 未列出）。

表 3-10　2000~2014 年各行业碳排放量的全局莫兰指数

年份	全行业	煤炭开采和洗选业	非金属矿物制品业	金属冶炼及压延加工业	金属制品业	电力、热力的生产和供应业
2000	0.23*	0.31**	0.18	0.19	-0.06	0.24*
2001	0.29**	0.35**	0.22*	0.26**	-0.06**	0.29**
2002	0.26*	0.33**	0.18	0.26**	-0.07**	0.25*
2003	0.25*	0.30**	0.18	0.16	-0.07	0.32**
2004	0.28**	0.39***	0.19	0.29**	-0.04**	0.27**
2005	0.30**	0.41***	0.23*	0.25*	-0.01*	0.29**
2006	0.29**	0.42***	0.26*	0.22*	-0.01*	0.25*
2007	0.30**	0.42***	0.25*	0.30**	-0.02*	0.25*
2008	0.30**	0.37***	0.23*	0.29**	-0.01*	0.28**
2009	0.29**	0.38***	0.19	0.29**	-0.01*	0.27**
2010	0.28**	0.37***	0.12	0.25*	-0.03*	0.27**
2011	0.27**	0.39***	0.13	0.21	0.00	0.25*

———

① 本节作者：苏昕。

续表

年份	全行业	煤炭开采和洗选业	非金属矿物制品业	金属冶炼及压延加工业	金属制品业	电力、热力的生产和供应业
2012	0.26 **	0.35 **	0.21	0.20	0.00	0.25 *
2013	0.27 **	0.39 ***	0.21 *	0.18	0.02	0.25 *
2014	0.27 **	0.36 ***	0.25 *	0.18	0.04	0.26 *

*** 表示全局莫兰指数的统计显著性水平为99%，** 表示全局莫兰指数的统计显著性水平为95%，* 表示全局莫兰指数的统计显著性水平为90%

在此基础上，本研究进一步分析了全行业和典型行业碳排放在重点区域和城市的集聚效应。表3-11中，北京和天津处于碳排放的"低-高"区，即本地区的碳排放量较低，而其周围地区的碳排放量较高。2000～2014年，北京和天津地区的局部莫兰指数（X）为负值，且绝对值不断变大，2014年增长至-0.36，而其周围地区的局部莫兰指数平均值（Y）维持在1.00左右。这说明这两个地区的碳排放量较低，而其周围地区，如河北和山东等地区碳排放量较高，且这种差异性呈现扩大态势。上海与此基本类似，2000～2014年，上海的局部莫兰指数从0.12降至-0.34，而其周围地区的局部莫兰指数维持在0.50左右。表明上海及其周边地区的碳排放的差异性逐年扩大，且这种差异性较北京和天津更加明显。与此相反，重庆及其周围地区的排放差异性并不明显。

表3-11　四个直辖市城市的碳排放量局部莫兰散点数据

年份	北京		天津		上海		重庆	
	X	Y	X	Y	X	Y	X	Y
2000	−0.17	0.85	−0.27	0.89	0.12	0.48	0.09	0.02
2001	−0.14	1.01	−0.28	1.08	0.09	0.44	0.13	0.04
2002	−0.19	1.04	−0.27	1.08	0.07	0.40	0.10	0.00
2003	−0.23	0.76	−0.33	0.81	0.01	0.57	0.12	−0.01
2004	−0.22	1.03	−0.26	1.05	−0.04	0.53	0.14	−0.02
2005	−0.23	1.00	−0.24	1.01	−0.11	0.53	0.18	0.06
2006	−0.22	0.97	−0.22	0.97	−0.15	0.57	0.16	0.05
2007	−0.22	1.00	−0.21	1.00	−0.17	0.53	0.17	0.05
2008	−0.23	1.04	−0.20	1.02	−0.19	0.54	0.16	0.05
2009	−0.25	1.03	−0.19	1.00	−0.22	0.51	0.13	0.02

续表

年份	北京		天津		上海		重庆	
	X	Y	X	Y	X	Y	X	Y
2010	−0.28	1.04	−0.19	1.00	−0.24	0.48	0.10	0.00
2011	−0.33	1.06	−0.19	0.99	−0.25	0.42	0.11	0.03
2012	−0.31	1.02	−0.16	0.95	−0.28	0.45	0.10	0.01
2013	−0.39	1.02	−0.22	0.94	−0.30	0.49	0.17	0.03
2014	−0.36	1.00	−0.19	0.92	−0.34	0.48	0.17	0.04

注：X 表示本地区的局部莫兰指数，Y 表示其周围地区的局部莫兰指数平均值

由于经济总量、经济发展程度、能源结构和能源利用技术的差异，北京、天津和上海等地区的碳排放量与其周围地区形成了显著差异，以北京和天津为中心的京津冀地区和以上海为中心的长三角地区各形成了 1 个排放的"洼地"。

由于煤炭开采和洗选业、电力热力的生产和供应业在分析年份均具有较强的空间集聚效应，本研究通过局部莫兰指数进一步分析其排放的地域特征。

煤炭开采和洗选业中，山东、河南、河北和山西 4 个省份处在排放的"高-高"区，北京、天津处在排放的"低-高"区（图 3-11）。统计表明，2000～2009 年，中国原煤生产量最高的 5 个省份分别为山西、内蒙古、山东、河南和河北，除内蒙古外，其余 4 个省份的原煤产量占到当年国内原煤生产总量的 34%～46%，同时北京和天津原煤产量仅为 1%。以上说明煤炭排放的集聚效应与产量相关。在地域上，产量与碳排放量均较低的北京和天津被华北地区其他的高产量高排放省份包围，由于碳排放在大气中的流动性，北京和天津减排工作的成效在一定程度上被其周围排放高值区削减。

电力热力的生产和供应业中，山东处在排放的"高-高"区，其次为河南、江苏和河北（图 3-12）。统计表明，2007 年和 2010 年，这 4 个省份的火力发电量分别占全国当年火力发电总量的 32.0% 和 30.9%，份额较大，火力发电的区域集聚效应与其产量相关。

这 2 个行业碳排放量的"高-高"区均集中在华北和华东地区，该地区内部形成了从煤炭开采到火力发电生产全链条的自给自足，进一步加强了这 2 个行业碳排放的空间集聚效应。

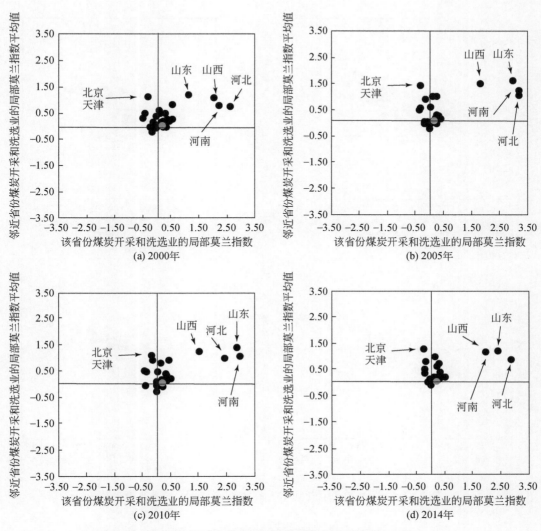

图 3-11 煤炭开采和洗选业的莫兰散点图（红色为上海）

　　而与此同时，上海在煤炭开采和洗选业中的碳排放没有表现出明显的空间集聚效应，在电力热力的生产和供应业中处在排放的"低–高"区。

　　综合以上分析，从全国 30 个省份的碳排放量来看，其具有较强的空间集聚效应，并且煤炭开采和洗选业、电力热力的生产和供应业、非金属矿物制品业、金属冶炼及压延加工业也具有较强的空间集聚效应，其全局莫兰指数分别为 0.31 ~ 0.42、0.24 ~ 0.32、0.23 ~ 0.26、0.22 ~ 0.30，碳排放的"高–高"区为河北、河南、山西、山东、江苏。

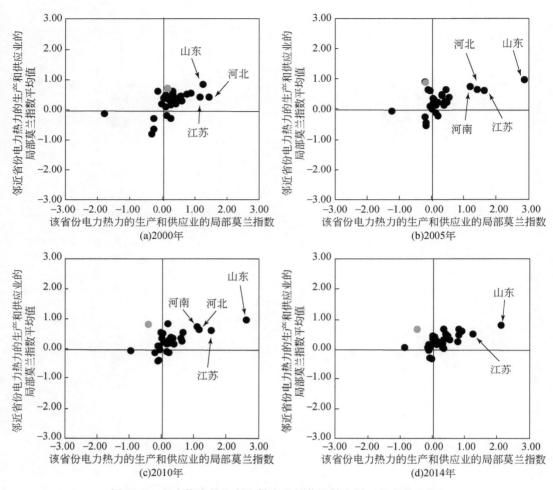

图 3-12　电力热力的生产和供应业的莫兰散点图（红色为上海）

北京、天津、上海和重庆四个直辖市中，北京、天津和上海均处于碳排放的"低-高"区，而重庆的区域特征不明显。煤炭开采和洗选业方面，北京和天津处在碳排放的"低-高"区，而上海的特征不明显；电力热力的生产和供应业方面，上海处在碳排放的"低-高"区，而北京和天津的特征不明显。

可以预见，由于上海、北京这样的典型城市的经济高速发展，其经济的发展会带动周边省份的发展，如最近出台的"雄安新区"计划就更加紧密地将京津冀协同发展的战略具体化，未来，这些地区的碳排放会呈现更加明显的空间集聚效用。

第七节　上海城市评估方法的不确定性分析[①]

一、上海碳排放研究的不确定性1（数据源一）

1. 活动水平数据的不确定性

本次活动水平数据化石燃料消费量来源于碳专项企业调研，故该值的不确定性较小，根据《IPCC2006国家温室气体排放编制指南》，估算各直辖市活动水平数据的不确定性值最大为5%，最小为3%。

2. 排放因子的不确定性值

根据《IPCC2006国家温室气体排放编制指南》中的缺省值7%，考虑碳专项的碳排放因子——含碳量、热值、氧化因子均为企业检测值，估算其排放因子的不确定性为5%。

3. 碳排放不确定性评估

根据《省级温室气体清单编制指南》，不确定性合并方法如下。

当某一估计值为 n 个估计值之积时，该估计值的不确定性采用下式计算：

$$U_c = \sqrt{U_{s_1}^2 + U_{s_2}^2 + \cdots + U_{s_n}^2} = \sqrt{\sum_{n=1}^{N} U_{s_n}^2} \tag{3-1}$$

式中，U_c 代表 n 个估计值之积的不确定性（%）；$U_{s_1} \cdots U_{s_n}$ 代表 n 个相乘的估计值的不确定性（%）。

据此，各直辖市的不确定性评估值最大为5.83%，最小为5.00%。

二、上海碳排放研究的不确定性2（数据源二）

1. 活动水平数据的不确定性

本次活动水平数据化石燃料消费量来源于各直辖市能源平衡表，故该值的不确定性较大，根据《IPCC2006国家温室气体排放编制指南》，估算各直辖市活动水平数据的不确定性值最大为6%，最小为4%。

---

① 本节作者：李青青。

2. 排放因子的不确定性值

根据《IPCC2006 国家温室气体排放编制指南》中的缺省值 7%，考虑碳专项的碳排放因子——含碳量、热值、氧化因子均为企业检测值，估算其排放因子的不确定性为 5%。

3. 碳排放不确定性评估

根据《省级温室气体清单编制指南（试行）》，合并不确定性，根据式（3-1），各直辖市的不确定性评估值最大为 7.81%，最小为 6.40%。

综上，基于碳专项排放因子，采用碳专项活动水平数据得到的北京、上海、天津、重庆的碳排放不确定性为 5.00% ~ 5.83%；采用能源平衡表活动水平数据得到的北京、上海、天津、重庆的碳排放不确定性为 6.40% ~ 7.81%。

|第四章| 上海城市碳排放的预测与规划评估[①]

第一节 上海市碳排放预测研究现状分析[②]

上海城市碳排放的预测与规划部分，对城市的碳排放量多采用情景分析方法，如 KAYA 恒等式等，缺乏对预测的碳排放量进行不确定研究与分析，主要的不确定性来自模型参数的设定。

一、城市碳排放趋势研究方法

不少学者探讨了城市碳排放趋势的研究方法。黄蕊等（2010）预测了上海 2050 年前的经济增长率，进而采用朱永彬等（2009）的最优增长率模型，对上海市未来能源消费量和碳排放量进行研究，结果显示，在当前技术进步速率下，在产业结构稳定进步的条件下，碳排放强度不断下降，下降速率为 -0.053。上海市人均碳排放呈现倒 U 形曲线增长，高峰出现在 2035 年。上海能源消费量和碳排放总量呈倒 N 形曲线增长，碳排放高峰出现在 2037 年，能源消费高峰出现在 2038 年，达到高峰时间比同等条件下的全国高峰期略晚，反映出上海二氧化碳减排任务还任重道远。

周芬（2015）对上海市未来碳排放进行了预测，采用 KAYA 恒等式对未来 15 年碳排放分为基准情景和参照情景进行预测。在基准情景的发展模式下，也就是以目前的发展状况，基于历史的发展特征和规律，预计 2030 年高达 49 031.37 万吨二氧化碳。在参照情景的发展模式下，仍保持相同的经济发展速度，但加强能源结构优化，以及节能减排，主要是降低能源强度和人口控制，预计 2030 年可控制在 29 644.38 万吨二氧化碳，相对于基准情景碳排放减少幅度分别为 6% 和 39%。

---

① 本章作者：尚丽、苏昕、李青青、常征。
② 本节作者：李青青。

二、城市碳排放预测模型

常征（2012）依据国家和上海的相关统计文献，采用数学建模法对上海能源的历史、现状进行量化分析，特别就直到 2050 年的发展进行情景分析，全新构建完成上海能源消费与碳排放 LEAP-Shanghai 模型，形成三大综合情景和九个子情景，模型运行结果达到预期，可以根据需要模拟仿真 2000～2050 年各个年份上海能源利用与碳排放情景，能够为技术选型、政策制定提供数据支撑和决策依据。核心观点与基本判断：①基于能源利用的碳脉分析和碳脉图，能够直观、清晰地描述能源与环境之间的定量关系，为编制各层级温室气体排放清单提供系统、可靠的估算方法和工具，为碳管理和碳减排政策的制定提供理论依据和数据支撑。②煤炭是我国能源利用之二氧化碳排放的主体。其中，电力、冶金、建材和化工等主要耗煤行业是我国煤炭利用之二氧化碳排放的关键源；交通运输业是我国石油利用之二氧化碳排放的关键源。③我国以煤为基础的能源结构与欧美以油气为主的能源结构截然不同，加之煤炭分类标准与欧美标准存在差异，要求我们必须立足于中国国情，同时结合国际标准，建立生产侧与消费侧配套的、与国际对接的分类转换标准，以便于我国排放清单的编制。④中短期内能源消费与碳排放增长的态势难以逆转，2040 年左右可能出现峰值，上海将早于全国。LEAP-Shanghai 模型运行结果显示，无论是基准情景下的惯性发展，还是减排情景和强化减排情景下的多政策干预，上海能源消费总量与碳排放总量均呈上升趋势，且这一趋势在中短期内仍难以逆转。只有在强化减排情景下，2040 年左右上海能源消费达到 1.5 亿吨标准煤、二氧化碳排放达到 2.5 亿吨的峰值之后才会缓慢下降，全国的峰值时段晚于上海。⑤强化节能减排的政策和执行力是控制能源消费总量增长的基本原则和有效手段。LEAP-Shanghai 模型在基准情景下运行结果显示，按照目前的惯性发展，2050 年上海能源消费总量将达到 3.7 亿吨标准煤，为当前能源消费量的 3.4 倍；能源利用相关二氧化碳排放量将达到 6.5 亿吨，为当前排放量的 4.3 倍。如此高的能源需求和碳排放量将给上海乃至全国的可持续发展及能源的供应安全带来更大的问题与挑战，也是生态环境和国际社会所无法承受的。⑥摒弃 GDP 至上，保持经济适度增长是降低能源消费与碳排放增长的现实基础与依托。LEAP-Shanghai 模型子情景的节能减排贡献水平模拟结果显示，适当控制 GDP 增长速度，使其每阶段增长率比基准情景降低 1%，则到 2050 年将节能9200 万吨标准煤/年，占强化减排情景节能总量的 37%；累计节能量达到 19.7 亿吨标准煤。这意味着即使不采取其他节能减排手段，仅仅在经济增长速度上做适当的调整，对能源消费总量控制和二氧化碳减排的作用就将十分显著。⑦转变生活方式是从需求侧减少能源碳排放的直接动力和长期潜力。居民生活相关能源消费主要与建筑物和交通工具相关。随着人民生活水平的提高，建筑物和交通部门将逐渐成为能源需求和碳排放增长的主要来源。强化减排情景下居民住宅和第三产业建筑物能耗占比从 2010 年的 15% 增长至 2050 年的 20%，交通部门能耗占比则从 2010 年的 20% 增长至 2050 年的 70%。LEAP-Shanghai 模型子情景相关贡献率显示，当居民的能源消费更趋于理性化与节约化，即不盲目追求居住面积或豪华住宅、增加节能电器的使用率、养成良好的用能习惯、减缓私人轿车保有量的增长速度及倡导公共交通等低能耗出行方式等，到 2050 年生活方式的转变将比基准情景节能 6200 吨标准煤/年，占强化减排情景节能总量的 26%，累计节能量达 11.7 亿吨标准煤。⑧清洁能源替代是从供应侧减少能源碳排放的本源性、革命性手段和途径。LEAP-Shanghai 模型情景分析显示，在能源加工转换阶段，将煤炭在发电结构中的比例从目前的 90% 以上降低至 50% 以下，天然气和可再生能源占比则增大至 45% 以上；在终端能源利用阶段，大力发展混合动力汽车、CNG 汽车①和电动汽车等新能源汽车，铁路电气化率进一步提高，用电力、天然气大幅替代第三产业和居民生活中的煤炭。到 2050 年，仅实施清洁能源替代措施就可实现碳减排 1400 万吨/年。模型对未来清洁能源替代的规模做了较为保守的估计，随着电力需求占比不断增长，华东电网等外来电中水电和核电占比将会显著提升，预计未来清洁能源替代的减排贡献还会进一步扩大。

三、城市碳排放分类研究方法

在不同的部门预测方面，胡倩倩（2012）通过碳排放系数法，从居住能源消费、交通能源消费及食物消费三个部分研究了当前上海市居民消费碳排放的情况。在当前发展情况的基础上结合上海市"十二五"规划，以不同的发展模式设置了基准、低碳和强化低碳三个情景，并预测了在三个发展情景下上海居民消费碳排放的需求量；通过不同情景下居民消费碳排放量的比较分析，结果显示，2050 年三个情景下的居民生活消费碳排放的需求差异量在 191.7 万 ~ 494.6 万吨，占居民生活消费碳排放需求总量的 6.2% ~ 14.6%，政策的引导和技术的推广是节能减排

---

① CNG（compressed natural gas）汽车指以压缩天然气替代常规汽油或柴油作为汽车燃料的汽车。

中国城市碳评估研究报告 2018

的重要因素。

在与国内典型城市的对比研究方面，以北京、天津、上海为例，探讨了城市碳排放趋势预测的研究方法。黄蕊等（2010）采用最优增长率模型，研究了在经济平稳增长的条件下，各市未来的能源碳排放趋势。考虑了水泥工业的碳排放量，并采用二氧化碳 FIX 模型计算各市森林碳汇量，从而得到各市净碳排放量。结果表明，北京、天津、上海的能源碳排放量都呈倒 U 形曲线，上海的碳排放量远高于北京和天津两市。北京、天津、上海的水泥碳排放量都呈增加趋势，其中，北京每年的水泥碳排放量最大，且增长率也是 3 个城市中最大的。北京和天津的累计森林碳汇量不断上升，上海的累计森林碳汇量几乎为零。北京、上海、天津的净碳排放量仍呈倒 U 形曲线增长，但与不考虑水泥碳排放和森林碳汇时的情况差别不大。由此可见，北京、上海、天津应重点减少能源碳排放，有效控制水泥产业碳排放，逐步扩大植树造林面积，从多方面采取措施降低碳排放。

第二节　上海市 2020 年碳排放预测及分析[①]

2015 年 6 月 30 日，中国向《联合国气候变化框架公约》秘书处递交了 INDCs（Intended Nationally Determined Contributions，国家自主贡献）。中国承诺：到 2020 年，碳排放强度比 2005 年下降 40%～45%（简称 40/45 目标）；到 2030 年左右，二氧化碳排放要达到峰值并争取尽早实现，2030 年碳排放强度比 2005 年下降 60%～65%（简称 60/65 目标）。为加快推进绿色低碳发展，确保完成“十三五”规划纲要确定的低碳发展目标任务，推动我国二氧化碳排放 2030 年左右达到峰值并争取尽早达到峰值，国务院在 11 月 4 日发布了《“十三五”控制温室气体排放工作方案》（简称《工作方案》）。从区域来看，《工作方案》提出将实施分类指导的碳排放强度控制。综合考虑各省（自治区、直辖市）发展阶段、资源禀赋、战略定位和生态环保等因素，分类确定省级碳排放控制目标。

本研究基于《上海市节能和应对气候变化“十三五”规划》对上海 2020 年碳排放强度的规划，即单位生产总值二氧化碳排放量比 2015 年下降 20.5%，依据碳排放量＝碳排放强度 × GDP，对上海市 2020 年的二氧化碳排放量开展预测。

---

① 本节作者：尚丽。

068

一、上海市 2020 年直接排放强度下降 20.5%（本地排放）

首先，根据 2015 年上海市直接碳排放量（21 531.42 万吨二氧化碳，见第三章第三节）及上海市 2015 年的 GDP（25 123 亿元），可以得到 2015 年的碳排放强度；其次，基于 2020 年碳排放强度值比 2015 年下降 20.5%，得出 2016~2020 年碳排放强度年均下降率及逐年碳排放强度值；同时《上海市国民经济和社会发展第十三个五年规划纲要》中关于上海市到 2020 年的主要目标中提出：创新驱动整体提速，发展质量和效益持续提高，全市生产总值预期年均增长 6.5% 以上，取值 6.5%，可以得到 2015~2020 年逐年的 GDP 值；最后，基于碳排放强度和 GDP 逐年数据，确定 2016~2020 年逐年的二氧化碳排放量及累计排放量（图 4-1）。

核算的具体数据详见表 4-1。

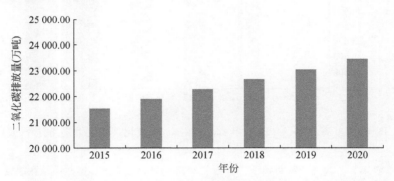

图 4-1　上海市 2015~2020 年二氧化碳排放量变化（直接排放）

表 4-1　碳排放强度下降"20.5%"目标下，上海 2020 年碳排放量与规划值的比较

2015 年碳排放强度（万吨 CO_2/亿元）	2020 年碳排放强度（万吨 CO_2/亿元）	2016~2020 年碳排放强度年均下降率（%）	2020 年排放量（万吨 CO_2）	2020 年规划排放量（万吨 CO_2）
0.86	0.68	4.48	23 452.43	25 000

可以发现，当上海市 2020 年直接碳排放强度比 2015 年下降 20.5% 时，2020 年的二氧化碳排放量可以控制在规划值 25 000 万吨以内。

二、上海市 2020 年总体排放强度下降 20.5%（本地排放+异地排放）

首先，根据 2015 年上海市二氧化碳总排放量（23 901.59 万吨 CO_2，见第三章）

及上海市 2015 年的 GDP（25 123 亿元），可以得到 2015 年的碳排放强度；其次，基于 2020 年碳排放强度值比 2015 年下降 20.5%，得出 2016～2020 年碳排放强度年均下降率及逐年碳排放强度值；同时《上海市国民经济和社会发展第十三个五年规划纲要》中关于上海市到 2020 年的主要目标中提出：创新驱动整体提速，发展质量和效益持续提高，全市生产总值预期年均增长 6.5% 以上，取 6.5%，可以得到 2015～2020 逐年的 GDP 值；最后，基于碳排放强度和 GDP 逐年数据，确定 2016～2020 逐年的二氧化碳排放量及累计排放量（图 4-2）。

具体核算数据详见表 4-2。

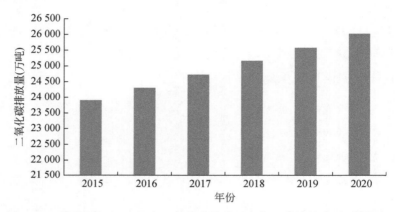

图 4-2　上海市 2015～2020 年二氧化碳排放量变化（直接排放+间接排放）

表 4-2　"20.5%" 目标下，上海市 2020 年碳排放强度和排放量预测数据

2015 年碳排放强度（万吨 CO_2/亿元）	2020 年碳排放强度（万吨 CO_2/亿元）	2016～2020 年碳排放强度年均下降率（%）	2020 年排放量（万吨 CO_2）	2020 年规划排放量（万吨 CO_2）
0.95	0.756	4.48	26 034.1	25 000

经核算，碳排放强度比 2015 年下降 20.5%，同样保持经济年增长率 6.5%，到 2020 年，上海市的碳排放总量将达到 2.6 亿吨二氧化碳，无法达到碳排放规划的目标。若为实现 2020 年上海市总体碳排放（包括间接排放）量控制在 2.5 亿吨的目标，则 2020 年的碳排放强度需要比 2015 年下降至少 23.7%。

小结：分析基于碳排放强度的内涵。

1）若只考虑城市本地排放，在对应碳排放强度下降目标下，2020 年碳排放量可以实现规划目标；

2）若考虑城市本地+异地排放，在对应的碳排放强度下降目标下，2020 年碳排放量将超过规划值，需要进一步提高碳排放强度下降值。

第三节 上海市 2020 年化石能源消费预测及分析[①]

能源事关经济社会发展全局、紧密联系人民群众生活，也是我国全面深化改革的重点领域。本研究将重点针对上海市 2020 年的化石能源能消费情况开展分析。

基于本章第二节 2020 年上海市碳排放的分析，2020 年上海市化石能源的排放如下。

一、基于 2020 年上海市本地排放的预测

基于 2020 年上海市二氧化碳排放量预测排放 23 452.43 万吨的规划，扣除工业生产过程的碳排放就是化石能源消费的部分，目前上海市暂未公布工业生产过程碳排放的相关要求，根据国家发展和改革委员会公布的《国家应对气候变化规划（2014—2020 年）》，国家 2020 年水泥行业和钢铁行业二氧化碳排放总量基本稳定在"十二五"末的水平，所以本研究针对上海市假定 2020 年水泥和钢铁行业的碳排放保持 2015 年的水平；对应可以得到 2020 年上海市化石能源的二氧化碳排放量。具体数据见表 4-3。

表 4-3 上海市 2020 年化石能源消费产生的二氧化碳量（本地排放） （单位：万吨）

项目	能源消费 碳排放总量	水泥熟料的 碳排放量	钢铁生产的 碳排放量	化石能源的 碳排放量
预测值	23 452.43	15.85	233.55	23 203.0
规划值	25 000	15.85	233.55	24 750.6

二、基于 2020 年上海市"本地+异地"排放的预测

由于 2020 年预测值高于规划值，对 2020 年化石能源消费空间的预测基于 2020 年上海市二氧化碳排放量规划值 25 000 万吨，扣除工业生产过程的碳排放及外调电

---

① 本节作者：尚丽。

力的排放就是上海市化石能源消费的部分，目前上海市暂未公布工业生产过程碳排放的相关要求，根据国家发展改革委公布的《国家应对气候变化规划（2014—2020年）》国家 2020 年水泥行业和钢铁行业二氧化碳排放总量基本稳定在"十二五"末的水平，所以本研究针对上海市假定 2020 年水泥和钢铁行业的碳排放保持 2015 年的水平；2020 年上海市外来电力的排放根据"十二五"时期的间接碳排放开展预测。对应可以得到 2020 年上海市化石能源的二氧化碳排放量。具体数据见表 4-4。

表 4-4　上海市 2020 年化石能源消费产生的二氧化碳量（"本地+异地"排放）

（单位：万吨）

项目	能源消费碳排放总量	水泥熟料的碳排放量	钢铁生产的碳排放量	外电电力的碳排放量	化石能源的碳排放量
预测值	26 034.1	15.85	233.55	5 059	20 725.7
规划值	25 000	15.85	233.55	5 059	19 691.6

三、2020 年上海市化石能源结构

2017 年 4 月 11 日，上海人民政府发布《上海市能源发展"十三五"规划》的通知，提出"2020 年上海市能源消费总量控制在 1.25 亿吨标准煤以内，全社会用电量 1560 亿千瓦时"，可以得出 2020 年上海市一次能源消费规划值约为 1.06 亿吨标准煤。其中，煤炭在一次能源消费中的占比为 33%，天然气在一次能源中的占比为 12%，非化石能源在一次能源中的占比为 14%。具体数据详见表 4-5。

表 4-5　根据《上海市能源发展"十三五"规划》推算的 2020 年各种化石燃料占比

	能源类型	占比（%）
规划的能源结构	煤	33
	油	41
	气	12
	非化石	14
推导的化石能源结构	煤	38
	油	48
	气	14

四、化石能源排放因子的选择

本研究的排放因子采用中国科学院碳专项的最新研究结果，中国的煤、油和气的排放因子分别为 1.815 吨二氧化碳/吨煤、3.09 吨二氧化碳/吨油和 22.81 万吨二氧化碳/亿立方米，按照国家标准换算后，分别为 2.541 吨二氧化碳/吨标准煤、2.163 吨二氧化碳/吨标准煤和 1.715 吨二氧化碳/吨标准煤。

综合以上材料，可以得到 2020 年上海市化石能源的消费量，具体数据详见表 4-6。

表 4-6　上海市 2020 年化石能源消费量

燃料类型	本地排放（万吨）		"本地+异地"排放（万吨）		能源规划中的化石能源消耗量
	23 452.43（研究预测）	25 000（规划）	26 034.1（研究预测）	25 000（规划）	
煤	3 929	4 191	3 510	3 335	3 492.310 8
油	4 963	5 294	4 433	4 212	4 338.931 6
气	1 448	1 544	1 293	1 229	1 269.931 2
化石能源消费总计（万吨标准煤）	10 340	11 030	9 236	8 776	9 101.173 6
一次能源消费总计（万吨标准煤）	12 023	12 825.6	10 739.5	10 204.7	10 600

根据核算结果，到 2020 年，上海市本地排放（即一次能源消费量）无论是本研究预测值（12 023 万吨标准煤）还是规划值（12 825.6 万吨标准煤），均超过《上海市能源发展"十三五"规划》的目标值（10 600 万吨标准煤）。

到 2020 年上海市能源消费的碳排放（"本地+异地"排放），本研究预测值所需要消耗的化石能源约为 9236 万吨标准煤，超过《上海市能源发展"十三五"规划》的目标值；若采用上海市排放规划目标值，可以得到 2020 年上海市化石能源消耗规划总量约为 8776 万吨标准煤，能源消耗可以满足《上海市能源发展"十三五"规划》的目标。

小结：分析基于上海市二氧化碳排放总量的内涵。

1）规划值若只考虑城市本地排放，扣除工业过程排放即为化石能源排放值，对应化石能源规划值不能够满足需求；

2）规划值若考虑城市"本地+异地"排放，扣除工业过程排放及间接排放即为化石能源排放值，基于 2020 年碳排放量的规划值，对应化石能源能够满足 2020 年规划目标。

第四节　上海市 2030 年发电部门规划预测与分析[①]

电源扩展规划对电力系统的发展与运行具有重要意义，电源扩展规划是电力系统规划的重要组成部分，欧阳武等（2008）认为其规划合理与否，将影响系统今后运行的可靠性、经济性、电能质量、网络结构及其未来的发展。电源扩展规划涉及在时间和空间上不断变动的能源供应侧与需求侧，Rajesh 等（2016）认为，需要整合具有不同技术特性的且具有可替代性的发电技术进而形成扩容电源组合。传统电源规划往往以规划期内的电源投产计划为决策内容，决策何时何地投产何种类型的机组，并同时决定各种机组的扩展规模。所得到的电源规划方案应能够满足未来的电力负荷需求，满足电网的传输能力与宏观层面上的能源资源供应等各类约束条件；并以确保规划期内的整体投入成本最低为优化目标，综合考虑新增发电装机的投资成本、在役机组运行和维护的固定成本与机组发电的变动成本。

区域电力系统优化模型是一个以区域发电系统总成本最小化为目标的多阶段混合整数线性规划模型。该模型基于 LEAP 系统构建，采用 CPLEX 作为最优规划解法程序，可用于大气排放物控制目标约束条件下，中长期区域发电系统发展政策评估与发电技术路线选型。模型由外生变量、约束条件、目标函数和内生变量四部分构成。模型由能源供应、电力生产和电力需求三个模块构成，模型运行的内在逻辑为可供本区域消费的能源供应量，经由发电机组电力生产转化为电力以满足区域电力需求量。

本研究以上海为案例，设定基准年为 2014 年，规划期为 2015～2030 年，发电系统装机备用率为 15%。案例分析设置照常情景、基准情景、CO_2 减排目标约束情景、$PM_{2.5}$ 减排目标约束情景及 CO_2 与 $PM_{2.5}$ 联合减排目标约束情景共五个情景。情景设置的逻辑关系与内涵详见表 4-7。

[①] 本节作者：常征。

表 4-7 政策情景设计与内涵

情景	优化	CO_2 约束	$PM_{2.5}$ 约束	内涵
照常情景	否	否	否	照常发展。按已有规划新增装机及退役装机
基准情景	是	否	否	在照常情景基础上，以系统总成本最小新增装机，且无排放约束
CO_2 减排目标约束情景	是	是	否	在基准情景基础上，以系统总成本最小新增装机，有 CO_2 排放约束
$PM_{2.5}$ 减排目标约束情景	是	否	是	在基准情景基础上，以系统总成本最小新增装机，有 $PM_{2.5}$ 排放约束
CO_2 和 $PM_{2.5}$ 联合减排目标约束情景	是	是	是	在基准情景基础上，以系统总成本最小新增装机，有 CO_2 和 $PM_{2.5}$ 排放约束

模型结果显示，照常情景下上海电力供应从 2018 年开始出现短缺。电力缺口从 2018 年的 3.4 亿千瓦时逐年扩大至 2030 年的 316.0 亿千瓦时，缺口占比也相应从 0.21% 上升至 15.9%，因此，需要超前规划并适时建设投运新的发电机组以满足终端电力需求。

内生新增装机容量结果显示（图 4-3），四种优化情景下除调入水电在 2015 年略有不同之外，规划近中期（2023 年之前）新增装机技术类型（调入水电、调入核电、生物质发电和超超临界）及其装机总量完全相同，原因主要在于 CO_2 和 $PM_{2.5}$ 排放限制相对较松，对新增装机路径未产生影响。其中，调入核电在规划期初始年迅速增加到最大资源限制，增量为 320 兆瓦；生物质发电在 2015 年微增 1 兆瓦；调入水电在基准情景下内生新增装机容量 910.36 兆瓦，在其他三种优化情景内生新增装

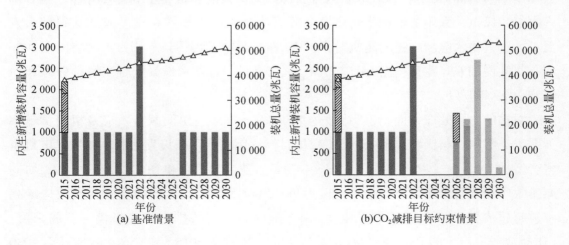

(a) 基准情景　　　　　　　　　　　(b) CO_2 减排目标约束情景

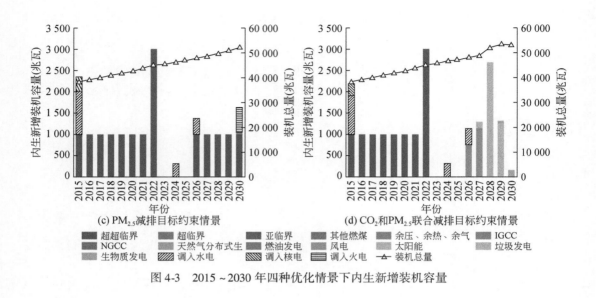

图 4-3　2015～2030 年四种优化情景下内生新增装机容量

机容量 1023.33 兆瓦；在各情景下，超超临界机组在 2015～2021 年每年新增 1 台 1000 兆瓦机组，2022 年新增 3 台 1000 兆瓦机组。

规划远期（2025～2030 年）各情景下区域发电系统新增装机技术路径的差异开始增大。基准情景下内生新增装机容量全部来自超超临界机组，2026～2030 年每年新增 1 台 1000 兆瓦机组。$PM_{2.5}$ 减排目标约束情景下调入水电在 2024 年和 2026 年分别新增 307 兆瓦和 370 兆瓦后，装机容量已增至最大资源量。超超临界机组依然是新增装机的主力，2026～2030 年每年仍需新增 1 台 1000 兆瓦机组。2030 年，调入火电增加 1 台 600 兆瓦机组。此外，风电也在 2030 年增加 45.4 兆瓦装机总量。CO_2 减排目标约束情景和 CO_2 与 $PM_{2.5}$ 联合减排目标约束情景的装机类型和增量完全一致，调入水电、风电、太阳能电和生物质发电等清洁能源发电技术在这一时期获得较大发展，区别只是水电新增量的装机时序，CO_2 减排目标约束情景下调入水电装机在 2026 年一次性增加 676 兆瓦，而 CO_2 与 $PM_{2.5}$ 联合减排目标约束情景则将该增量分为 2024 年和 2026 年开发。

减排的协同效应方面，CO_2 排放约束对 $PM_{2.5}$ 排放的协同减排效应及机组贡献率如图 4-4 所示。相比基准情景，CO_2 减排目标约束情景下垃圾发电和生物质发电机组将会增加 $PM_{2.5}$ 排放量，即协同减排效应为负，亚临界机组和 NGCC 机组的 $PM_{2.5}$ 协同减排效应在某些年份为正、某些年份为负；但以上机组产生的协同减排负效应最终都被超超临界机组和超临界机组对 $PM_{2.5}$ 排放的协同减排正效应抵消。总的来看，CO_2 排放约束产生的 $PM_{2.5}$ 协同减排效应为正，数量从 2015 年的 56.4 吨增长至 2030

年的 2934.1 吨，规划期累计协同减排量达 244 799 吨。

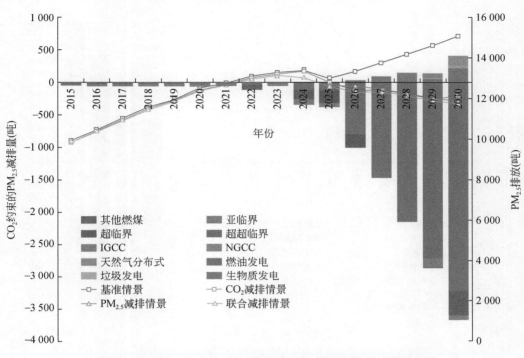

图 4-4　2015～2030 年 CO_2 约束对 $PM_{2.5}$ 排放的协同减排效应

　　类似地，$PM_{2.5}$ 排放控制政策对 CO_2 排放的协同减排效应及机组贡献率如图 4-5 所示。相比基准情景，$PM_{2.5}$ 减排目标约束情景下超超临界、超临界、亚临界和 NGCC机组都能够实现 CO_2 排放的协同减排正效应，而其几乎被区外燃煤机组装机增加对CO_2 排放的协同减排负效应抵消，其原因主要是区外燃煤机组 CO_2 排放因子高于超超临界机组。总的来说，$PM_{2.5}$ 排放控制政策对 CO_2 排放产生协同减排正效应，协同减排量从 2015 年的 37 万吨增长至 2030 年的 122 万吨，累计协同减排量为 1465 万吨 CO_2。

　　天然气发电机组装机（NGCC 和燃气分布式）在四种约束情景下均无增量，表明现有条件下天然气发电机组在经济性和 CO_2、$PM_{2.5}$ 控制方面不具备比较优势。其中，天然气机组装机容量在总装机容量中的占比无明显变化。四种情景下，累计发电量在基准情景和 $PM_{2.5}$ 减排目标约束情景下较少，分别为 348.9 亿千瓦时和 315 亿千瓦时；CO_2 减排目标约束情景和 CO_2 和 $PM_{2.5}$ 联合减排目标约束情景下发电量较大，分别为 460 亿千瓦时和 45.68 亿千瓦时。

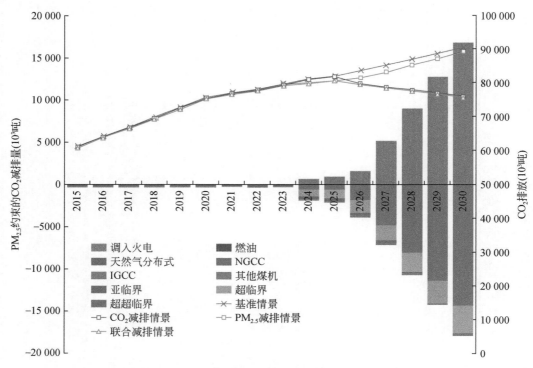

图 4-5　2015～2030 年 $PM_{2.5}$ 约束对 CO_2 排放的协同减排效应

　　相比基准情景，为满足 CO_2 情景的碳排放约束，模型增加的水电、风电、太阳能电和生物质等排放因子相对较低的清洁能源发电机组作为新增装机来源，且这些机组同时具有单位发电量能源消耗量低的特点，因此，CO_2 减排目标约束情景下累计能源消费总量低于基准情景，其累计能源消费总量为 198 亿焦耳，比基准情景降低 0.86%（图 4-6）。类似地，由于本研究假设区外煤电产生的 $PM_{2.5}$ 排放不计入本地排放量（即不考虑区外煤电 $PM_{2.5}$ 排放分摊到本地），因此，为控制本地排放量，$PM_{2.5}$ 减排目标约束情景下模型内生新增区外煤电装机，而区外燃煤机组单位发电煤耗高于基准情景新增的超超临界机组，但同时 $PM_{2.5}$ 减排目标约束情景也新增了能源消费量更低的水电装机，因而能源消费总量为 199 亿焦耳，略低于基准情景 0.76%。

　　通过对上海案例的分析，研究发现，存量装机无法满足不断增长的电力需求，需要超前规划并适时建设投运新的发电机组（图 4-6）。发电系统规划的最优路径的差异随着排放约束在 2025 年之后收紧而逐渐增大，CO_2 约束下太阳能电、风电和生物质电等清洁发电装机量将快速增长，$PM_{2.5}$ 约束则更有利于外来煤电和风电技术的增长。然而，政策制定者需要注意，随着大气污染物治理从单一区域向区域联防联

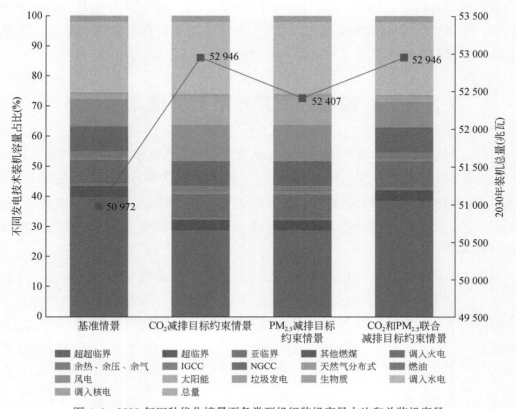

图 4-6　2030 年四种优化情景下各类型机组装机容量占比和总装机容量

控转变，即区外燃煤机组的 $PM_{2.5}$ 排放分摊至本地排放，IGCC 机组将会取代区外燃煤机组，其清洁燃煤优势也将逐渐呈现，且无论是 $PM_{2.5}$ 排放还是 CO_2 排放，更严格的约束都更有利于 IGCC 机组发展。

　　总的来看，排放约束有利于系统节能，但需支付额外的系统成本。不同排放目标约束对区域发电系统清洁发展路径选择影响很大。CO_2 排放约束不仅能够推动光电、风电和生物质电等清洁发电技术的发展，还能够同时实现 $PM_{2.5}$ 协同减排效应，因此，当区域发电系统规划政策制定者同时面临碳减排和 $PM_{2.5}$ 减排双重约束时，仅需制定针对碳减排的策略即可，而无需考虑 $PM_{2.5}$ 排放。但是，实现 $PM_{2.5}$ 控制目标，系统总成本较小；而实现 CO_2 减排目标成本更高。因此，若政策制定者仅需减排 $PM_{2.5}$，则能够以更少的系统成本达成减排目标。

　　能源价格仍是天然气发电机组增长的主要障碍，只有当能源价格下探 46% 以上，NGCC 机组装机量才能有所突破。此外，区外水电和核电是区域发电系统清洁发展的首选，应在保证区域电力安全的前提下扩大资源规模。

霾的成因机制较为复杂，除 $PM_{2.5}$ 以外，SO_2、NO_x 和其他 PM 也是构成霾的主要排放物，其研究将在后续继续深入。此外，本研究中天然气分布式发电机组发展难以突破，其原因和解决方案也有待进一步分析。

第五节　上海碳足迹及排放趋势预测与分析[①]

由第二章与第三章的分析可知，国际城市间的碳足迹主要是由国际贸易引起的。若不同国家的城市存在不同的低碳生产技术，城市之间的国际贸易存在逆差或顺差，那么，依据生产者视角或消费者视角核算这 2 个城市的碳排放量就会存在显著差异。因此，本研究将从贸易量与技术结构两个方面对上海市未来国际贸易引起的碳排放核算差异进行分析。

贸易量方面，近些年，上海市的进出口贸易在生产总值中的占比呈现下降的趋势，从 2010 年的 148% 下降至 2014 年的 122%（图 4-7），根据目前的趋势分析，未来一阶段，上海市的进出口贸易量的份额可能还会呈现一定程度的缓慢下降态势。整体而言，未来一阶段，贸易量的变化将使得不同视角核算的上海市碳排放差异下降。

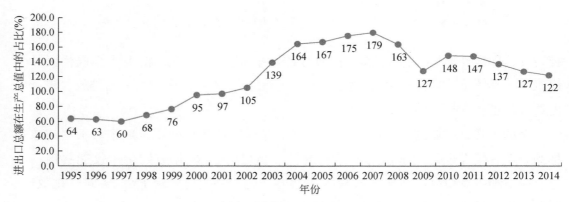

图 4-7　上海市进出口总额对生产总值的占比

资料来源：《2015 上海统计年鉴》

技术结构方面，上海市的主要进出口国家分布在亚洲、欧洲与美洲（图 4-8）。2000～2014 年，上海对亚洲国家的进口总额占比略有下降、出口总额占比略有上升，

---

① 本节作者：苏昕。

而对欧洲与美洲国家的进口总额略有上升、出口总额略有下降。与上海的技术结构相比，美洲国家与欧洲国家相对更低碳，而亚洲其他国家相对更高碳，故依据目前的趋势分析，上海市未来一阶段的国际贸易伙伴中低碳国家的占比将会上升。与此同时，上海市从国际贸易的顺差阶段过渡到了逆差阶段，即进口总额超过了出口总额，且在近些年这种顺差呈现扩大的趋势（表4-8）。以上2个因素（技术结构与贸易顺逆差）共同作用，导致未来一阶段不同视角下核算的上海市碳排放差异变化趋势不显著。

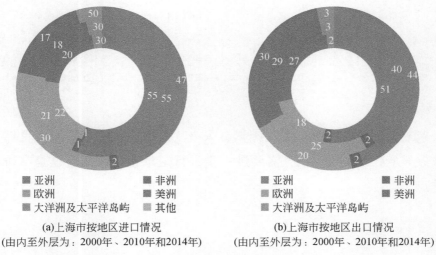

(a)上海市按地区进口情况
（由内至外层为：2000年、2010年和2014年）

(b)上海市按地区出口情况
（由内至外层为：2000年、2010年和2014年）

图4-8 上海市按地区进、出口情况（2000年、2010年和2014年）

资料来源：《2015上海统计年鉴》

表4-8 上海市进口、出口、差额情况

年份	进出口总额（亿美元）	进口总额（亿美元）	出口总额（亿美元）	进出口差额（亿美元）	差额/总额（%）
1995	190.25	74.48	115.77	41.29	21.70
1996	222.63	90.25	132.38	42.13	18.92
1997	247.64	100.40	147.24	46.84	18.91
1998	313.44	153.88	159.56	5.68	1.81
1999	386.04	198.19	187.85	−10.34	−2.68
2000	547.10	293.56	253.54	−40.02	−7.31
2001	608.98	332.70	276.28	−56.42	−9.26
2002	726.64	406.09	320.55	−85.54	−11.77
2003	1123.97	639.15	484.82	−154.33	−13.73
2004	1600.26	865.06	735.20	−129.86	−8.11

续表

年份	进出口总额（亿美元）	进口总额（亿美元）	出口总额（亿美元）	进出口差额（亿美元）	差额/总额（%）
2005	1863.65	956.23	907.42	-48.81	-2.62
2006	2274.89	1139.16	1135.73	-3.43	-0.15
2007	2829.73	1390.45	1439.28	48.83	1.73
2008	3221.38	1527.88	1693.50	165.62	5.14
2009	2777.31	1358.17	1419.14	60.97	2.20
2010	3688.69	1880.85	1807.84	-73.01	-1.98
2011	4374.36	2276.47	2097.89	-178.58	-4.08
2012	4367.58	2299.51	2068.07	-231.44	-5.30
2013	4413.98	2371.54	2042.44	-329.10	-7.46
2014	4666.22	2563.45	2102.77	-460.68	-9.87

资料来源：《2015 上海统计年鉴》

综合贸易量与技术结构两方面因素，未来一阶段，基于不同视角核算下的上海市碳排放差异变化趋势不明朗，需要进一步进行定量化研究，这也是本研究接下来的工作重点。

| 第五章 | 中国城市碳排放的现状评估与趋势预测[①]

第一节　中国各区域的能耗与排放趋势分析[②]

本研究整合结合美国 OCO-2 嗅碳卫星的碳浓度数据、城市空气质量指数数据，为中国 TanSAT 卫星数据等在城市碳评估研究的开展提供了技术理论方法，并结合土地利用、环境资源、经济产业、信息化、健康安全和交通运输等碳排放相关数据，来拓展研究全国和全球城市碳评估的能力。为建立城市碳排放核算与评估模型、城市低碳产业和低碳技术分析模型奠定基础。

本研究利用了中国科学院战略性先导科技专项"应对气候变化的碳收支认证及相关问题"研究形成的可代表我国化石能源消耗量 95%，涵盖全国各地能源消费利用和工业生产过程中产生二氧化碳的相关化石能源与低碳行业等的 40 000 余组样品，进行深入挖掘。以城市为研究尺度，以"碳专项"的数据为基础，结合 IPCC 等机构核算的因子，探讨了能源结构、产业结构和碳足迹等对区域碳排放核算的影响，初步建立城市碳评估研究理论与方法。

因此，首先需要对目前我国各个区域的能耗与排放进行分析。

表 5-1 展示了中国各省、自治区、直辖市一次能源生产量情况，从表 5-1 中可以看到，为了更好地将生产情况进行细分，本研究还对焦炭、原油、汽油、煤油、柴油、燃料油、天然气的不同产量进行了细分。从表 5-1 中可以看到，中国的西北、西南、东北一带是主要的能源产区。其中，原油、汽油、煤油、柴油、燃料油的产地主要集中在新疆、黑龙江、陕西等东北和西部地区，以及辽宁、天津、山东、广东等沿海地区；焦炭的产地主要集中在山西、河北、陕西和内蒙古等地。

[①] 本章作者：汪鸣泉、苏昕、常征。
[②] 本节作者：汪鸣泉。

表 5-1　2014 年中国各省、自治区、直辖市能源生产量情况　　　（单位：万吨标准煤）

区域	焦炭	原油	汽油	煤油	柴油	燃料油	天然气	发电量		
								总量	其中：水力	其中：火力
北京	0	0	441	224	389	17	166	447	8	435
天津	223	4393	294	197	849	17	275	769	0	760
河北	5453	846	474	20	575	189	228	3072	13	2818
山西	8515	0	4	0	0	0	411	3253	40	3129
内蒙古	3347	31	223	11	313	11	201	4741	43	4190
辽宁	2080	1460	1556	560	3397	425	105	2025	52	1676
吉林	435	948	306	13	557	32	290	948	89	770
黑龙江	780	5714	632	109	773	77	460	1083	24	962
上海	475	8	694	360	998	61	28	974	0	967
江苏	2327	294	830	427	1001	454	7	5343	14	4977
浙江	289	0	454	322	1040	141	0	3546	217	2845
安徽	903	0	340	0	442	7	0	2500	51	2404
福建	190	0	477	174	816	76	0	2302	510	1531
江西	843	0	255	36	262	2	6	1073	164	896
山东	4476	3876	3220	294	4727	1311	64	4536	6	4344
河南	2815	672	308	107	279	71	63	3355	117	3212
湖北	905	113	410	125	670	15	19	2928	1734	1147
湖南	641	0	293	57	354	76	0	1615	659	922
广东	187	1779	1285	787	2191	364	1088	4853	469	3640
广西	589	84	602	133	838	45	2	1610	773	796
海南	0	41	321	204	409	36	21	301	30	262
重庆	260	0	0	0	0	0	101	831	296	529
四川	1317	27	287	1	457	58	3296	3785	3060	715
贵州	740	0	0	0	0	0	5	2148	837	1287
云南	1465	0	4	0	0	0	0	3134	2566	481
西藏	0	0	0	0	0	0	0	40	31	4
陕西	3725	5383	1127	52	1305	27	5331	1992	139	1832
甘肃	567	102	561	94	916	36	2	1525	436	898
青海	129	314	73	0	90	5	896	713	482	160
宁夏	761	11	285	13	281	11	0	1421	21	1280
新疆	2171	4108	472	96	1768	67	3857	2570	198	2163

　　注：分能源品种按照焦炭 0.971 万吨标准煤/万吨实物量，原油 1.429 万吨标准煤/万吨实物量，汽油 1.471 万吨标准煤/万吨实物量，柴油 1.471 万吨标准煤/万吨实物量，燃料油 1.457 万吨标准煤/万吨实物量，天然气 13.000 万吨标准煤/亿立方米，天然气 1.229 万吨标准煤/亿千瓦时折算。其中，台湾、香港、澳门数据未列其中

　　资料来源：《中国能源统计年鉴 2015》

　　表 5-2 展示了中国各省、自治区、直辖市可用能源量情况，从表 5-2 中可以看到，为了更好地将可用能源量的省区间输入输出情况进行细分，本研究还对外省能源的调入量和本省能源的调出量进行了细分。从表 5-2 中可以看到，京津冀、内蒙古、山西、河南、山东、广东和江苏等是最主要的能源需求区域，其次是长江流域的各个省区及新疆和黑龙江。其中，外省能源的调入量较多的区域主要集中在辽宁、天津、山东、广东、江苏、上海和浙江等沿海地区。本省能源的调出量较多的区域主要集中在内蒙古、山西和陕西等地区。中国各省、自治区、直辖市可用能源量分能源境内外进出口情况，从表 5-2 中可以看到，中国的主要能源进口区域分布在黑龙江、辽宁、京津冀城市群、长三角城市群、珠三角城市群，以及新疆地区。相对来说，能源的出口、境外轮船和飞机在境内加油，以及境内轮船和飞机在境外加油的能源量较少。

表5-2　2014 年中国各省、自治区、直辖市可用能源量情况　　（单位：万吨标准煤）

区域	可供本地区消费的能源量	一次能源生产量	外省（区、市）调入量	进口量	境内轮船和飞机在境外的加油量	本省（区、市）调出量（-）	出口量（-）	境外轮船和飞机在境内的加油量（-）	库存增（-）、减（+）量
北京	5 667	379	5 082	1 126	132	821	116	156	42
天津	6 690	4 702	9 722	3 007	24	10 558	77	88	-41
河北	24 228	6 311	18 788	793	0	1 548	92	0	-25
山西	26 611	63 829	7 712	0	0	44 201	0	0	-728
内蒙古	25 664	72 272	2 071	1 199	0	48 644	122	0	-1 112
辽宁	20 097	5 360	17 607	4 256	56	6 895	889	45	647
吉林	9 421	3 663	6 336	81	0	634	7	0	-18
黑龙江	12 695	11 086	6 394	3 207	0	7 931	40	0	-20
上海	9 676	45	13 438	2 857	571	6 735	199	245	-56
江苏	25 867	2 365	23 883	3 656	14	3 697	286	1	-68
浙江	16 065	882	13 127	4 846	0	2 116	713	0	39
安徽	12 761	9 089	6 116	1 066	0	3 537	2	0	28
福建	10 255	1 813	3 509	5 874	0	842	0	0	-99
江西	7 118	2 097	4 320	1 073	0	357	0	0	-14
山东	34 343	14 532	22 468	13 253	0	15 137	646	0	-126
河南	21 525	10 810	12 053	536	0	2 440	36	0	601
湖北	13 598	2 891	11 960	0	0	1 158	0	0	-95

续表

区域	可供本地区消费的能源量	一次能源生产量	外省（区、市）调入量	进口量	境内轮船和飞机在境外的加油量	本省（区、市）调出量（-）	出口量（-）	境外轮船和飞机在境内的加油量（-）	库存增（-）、减（+）量
湖南	12 400	4 465	8 088	206	0	213	1	0	-145
广东	24 060	3 938	15 068	8 511	218	1 155	1 993	333	-194
广西	7 609	1 778	5 741	974	0	926	0	0	42
海南	1 954	100	913	1 805	0	536	324	0	-4
重庆	7 156	3 824	4 268	0	0	945	0	0	8
四川	15 914	11 614	7 529	0	5	3 294	0	10	69
贵州	10 322	13 506	1 267	0	1	3 991	0	2	-460
云南	9 202	6 199	4 935	19	1	1 811	29	1	-110
西藏	0	0	0	0	0	0	0	0	0
陕西	14 935	46 488	1 157	0	0	32 657	71	0	18
甘肃	6 617	4 987	9 630	0	0	7 711	0	0	-289
青海	2 839	3 033	1 209	0	0	1 396	0	0	-7
宁夏	6 363	5 993	3 069	0	0	2 712	0	0	13
新疆	12 889	18 328	368	5 479	3	11 344	0	1	56

注：台湾、香港、澳门数据未列其中

资料来源：《中国能源统计年鉴 2015》

　　表 5-3 展示了中国各省份终端能源加工转换情况，为了更好地将终端能源加工转换的分类情况进行细分，本研究还对火力发电、供热、洗选煤、炼焦、炼油及煤制油与其他加工转化的情况进行了细分。从表 5-3 中可以看到，中国的能源加工转换，主要集中在京津冀、内蒙古、陕西、山西、河南、山东、江苏和新疆等地，基本与能源的产区重合。其中，洗选煤、炼焦、炼油及煤制油量较多的区域主要集中在内蒙古、陕西、山西和新疆等地，火力发电主要集中在内蒙古、山西、山东、江苏和广东等地区。供热转换加工量较多的区域主要集中在长江以北地区。

表 5-3　2014 年中国各省、自治区、直辖市加工转换投入产出的能源量情况（单位：万吨标准煤）

区域	加工转换投入(−)产出(+)量	火力发电	供热	洗选煤	炼焦	炼油及煤制油	炼油及煤制油#油品再投入量(−)	制气	制气#焦炭再投入量(−)	天然气液化	煤制品加工	回收能
北京	−496	−431	−86	−2	0	335	−334	0	0	0	3	19
天津	−1 500	−1 090	−114	0	−213	337	−438	0	0	0	0	19
河北	−9 949	−3 795	−62	−1 395	−5 179	−83	0	0	0	0	−2	569
山西	−17 141	−5 102	−131	−3 886	−8 165	0	0	−30	0	0	−61	235
内蒙古	−14 802	−9 082	−598	−1 809	−3 228	−61	−50	0	0	−18	0	43
辽宁	−6 486	−3 173	−489	−552	−2 011	335	−740	−50	0	−1	0	193
吉林	−2 828	−1 949	−416	−56	−381	−74	0	−44	0	0	1	93
黑龙江	−4 381	−1 870	−511	−927	−786	−60	−175	−53	0	0	0	0
上海	−1 572	−1 241	−25	0	−518	77	−45	−16	0	0	0	197
江苏	−9 055	−6 447	−222	−138	−2 237	1 052	−1 292	−2	0	0	−2	234
浙江	−3 777	−3 454	−84	0	−269	508	−679	−1	0	0	29	172
安徽	−4 976	−3 542	−24	−686	−872	52	−37	−68	0	0	2	199
福建	−2 553	−2 229	−32	−4	−184	−167	0	−2	0	0	2	63
江西	−2 143	−1 176	−25	−206	−812	78	−86	0	0	0	−22	105
山东	−11 634	−6 017	−377	−1 002	−4 359	5 446	−5 542	0	0	0	8	218
河南	−8 460	−4 986	−172	−825	−2 319	108	−155	−118	0	−1	8	0
湖北	−2 452	−1 581	−31	−9	−898	306	−271	0	0	0	0	32
湖南	−2 095	−1 317	154	−425	−615	−2	0	0	0	0	0	111
广东	−5 574	−5 102	−162	0	−185	−251	0	−4	0	0	29	101
广西	−1 713	−1 039	−116	0	−581	−5	−35	−75	0	0	1	138
海南	−397	−379	−8	0	0	290	−307	0	0	0	0	7
重庆	−1 335	−763	−39	−323	−272	0	0	0	0	0	−1	63
四川	−3 585	−1 070	−29	−974	−1 324	−161	−141	−1	0	−9	0	124
贵州	−3 771	−2 186	−4	−976	−701	0	0	−1	0	0	−3	102
云南	−2 995	−1 252	−12	−389	−1 266	−26	0	−108	0	−2	4	57
西藏	0	0	0	0	0	0	0	0	0	0	0	0
陕西	−7 783	−2 464	−42	−946	−4 175	−167	−61	0	0	−2	0	74
甘肃	−2 187	−1 385	−39	−118	−522	−185	0	−3	0	0	0	65
青海	−657	−321	−1	−193	−129	−16	0	0	0	−1	0	4
宁夏	−3 558	−2 145	−114	−409	−766	−34	−81	0	0	−11	0	3
新疆	−6 635	−3 607	−166	−196	−2 516	34	−69	−122	0	−13	0	19

注：台湾、香港、澳门数据未列其中

资料来源：《中国能源统计年鉴 2015》

表 5-4 展示了中国各省份终端能源消费量情况，为了更好地将终端能源消费量情况进行细分，本研究还对农林牧渔业、工业、建筑业、交通运输、仓储和邮政业、批发、零售业和住宿餐饮业、生活消费及其他终端能源消费量情况进行了细分。从表 5-4 中可以看到，中国的工业终端能源消费仍然是主要的能耗主体，其中，山东、河北、河南、江苏、浙江和广东等地不但终端能源消费量高，且工业占比也很高。其次的交通运输、仓储和邮政业终端能源消费，则主要集中在辽宁、山东、江苏、浙江和广东等沿海地区。相对来说，生活消费的比例在不同省份之间相对均衡。代表第三产业的批发、零售业和住宿餐饮业等终端能源消费量仍然不高。

表 5-4　2014 年中国各省、自治区、直辖市终端能源消费量情况　　（单位：万吨标准煤）

区域	终端能源消费量	农林牧渔业	工业终端能源消费		建筑业	交通运输、仓储和邮政业	批发、零售业和住宿、餐饮业	终端能源消费其他	生活消费		
			总量	用作原料、材料					总量	城镇	乡村
北京	5 040	60	1 199	314	87	1 105	338	1 084	1 167	978	189
天津	5 110	71	3 225	363	186	430	180	286	732	640	92
河北	14 009	431	9 192	240	188	903	409	619	2 268	969	1 299
山西	9 344	231	6 185	471	119	890	291	316	1 312	761	551
内蒙古	10 861	488	5 947	840	352	1 128	841	866	1 239	967	272
辽宁	13 418	280	8 155	779	302	1 885	239	829	1 728	1 421	307
吉林	6 479	158	4 238	503	119	738	212	404	611	401	210
黑龙江	8 170	456	3 986	0	30	1 038	721	476	1 465	1 309	155
上海	7 966	57	3 765	1 066	148	1 943	396	823	834	694	140
江苏	16 313	376	11 578	877	334	1 870	262	462	1 430	968	463
浙江	12 057	362	7 689	294	327	1 341	536	485	1 318	753	564
安徽	7 649	196	4 936	358	151	970	177	268	950	541	409
福建	7 573	97	5 335	613	196	939	127	199	679	353	326
江西	4 895	107	3 278	199	64	624	120	153	550	307	243
山东	22 709	429	16 364	1 425	402	1 828	659	786	2 241	1 379	862
河南	12 806	403	8 553	1 204	150	1 321	356	420	1 603	813	789
湖北	11 018	426	6 539	999	358	1 439	565	461	1 229	677	552
湖南	10 131	517	5 586	0	254	1 314	462	598	1 401	738	662
广东	18 089	324	10 357	1 105	655	2 790	847	691	2 426	1 600	825
广西	5 782	176	3 940	148	22	830	136	140	539	328	212
海南	1 537	81	899	302	29	271	44	99	114	78	36
重庆	5 759	81	3 658	393	110	738	171	154	848	453	395

续表

区域	终端能源消费量	农林牧渔业	工业终端能源消费		建筑业	交通运输、仓储和邮政业	批发、零售业和住宿、餐饮业	终端能源消费其他	生活消费		
			总量	用作原料、材料					总量	城镇	乡村
四川	12 028	262	7 774	445	346	1 065	554	474	1 554	973	581
贵州	6 323	125	2 979	433	92	647	701	942	836	311	526
云南	6 066	201	3 686	394	140	1 018	159	194	667	256	412
西藏	0	0	0	0	0	0	0	0	0	0	0
陕西	7 145	140	4 444	766	170	813	296	288	994	688	305
甘肃	4 371	147	2 839	284	82	537	81	168	517	257	259
青海	2 150	17	1 614	190	28	138	48	115	189	108	82
宁夏	2 766	34	2 259	420	47	185	38	64	139	93	47
新疆	8 440	389	5 710	0	120	783	192	210	1 036	849	187

注：台湾、香港、澳门数据未列其中

资料来源：《中国能源统计年鉴 2015》

第二节　中国及上海能源流分析[①]

　　能源是自然界物质的一种，能源流这一概念源于物质流。物质流是生态系统中物质运动和转化的动态过程。构成生物体的各种物质，如氮、磷、钾、碳、硫、水和各种微量营养元素，以及一切并非生命体构成的必要物质，在生态系统中处于经常传递、转化的动态过程中。目前，有关物质流分析（material flow analysis，MFA）的框架相对完善，欧盟、美国和日本等国家和组织都形成了国家层次的物质流分析指标和报告，物质流分析已成为目前快速发展的学科领域。而作为物质流分析的分支，能源流分析方面的研究则相对较少。最早从事国家能源流系统研究的美国劳伦斯利弗莫尔国家实验室（Lawrence Livermore National Laboratory）于 1972 年首次公布了美国国家能源流图，并于此后每年定期公布更新图。他们认为，能源流图能将所有的能源流用统一的能源单位（英热单位或焦耳）表示，并用图表的形式反映能源在主要经济部门间的流动。总体来说，能源流指能源在国家或地区经济系统中运动与转化的动态过程。能源流图则是能源流分析的重要方面，是对能源流的流向与流

　　[①]　本节作者：常征。

量的直观图示。运用能源流分析能够对该国家或地区能源系统的运动过程，包括输入（能源消费结构、总量）、转化（能源转化效率）、输出（能源分配结构、能源使用效率）等环节进行系统分析，对能源政策研究具有较高的理论与实践意义。能源流分析的对象涵盖人类经济活动领域的能源流，包括进入国家或地区经济系统的化石燃料（煤炭、石油、天然气）、生物质燃料（可再生能源）、能源产品及电力，其核心是建立在能源流分析基础上的能源流管理，对社会经济活动中的能量流动进行量化分析，了解和掌握整个社会经济系统中能源所转化的能量的流向及其流量。

一、2015 年中国能源流分析

中国以煤为基础的能源结构与欧美国家以油气为主的能源结构截然不同。鉴于富煤缺油少气的能源资源禀赋和以燃煤发电为主的能源利用模式，我国仍将保持以煤为基础的能源生产和消费格局，煤炭在我国能源构成中的占比长期保持在 70% 左右，中国仍将长期处于以煤为基础的高碳能源时代。图 5-1 是依据中国能源平衡表绘制的 2015 年中国能源流图，直观、概括性地展示了中国能源从生产、进出口、加工转换、运输到终端消费的各环节。

2015 年中国一次能源生产量为 33.4 亿吨标准煤，其中，煤、油、电和气的占比分别为 67.68%、20.13%、6.16% 和 6.03%；能源消费总量为 40.5 亿吨标准煤，净进口 6.8 亿吨标准煤，能源对外依存度达 16.8%；在输送、分配和储存等过程中造成损失量为 4251.30 万吨标准煤；终端消费量为 31.7 亿吨标准煤，在终端能源消费中，煤、油、电、气和热能的占比分别为 42.34%、24.05%、6.26% 和 23.07%。

对能源的部门消费量，终端能源消费总量为 3170.7 百万吨标准煤，其中，工业部门消费 2084.3 百万吨标准煤，在终端能源消费中的占比为 65.74%；按能源消费设备调整后的交通部门消费 501.2 百万吨标准煤，占比为 15.81%；居民生活消费 310.4 百万吨标准煤，占比为 9.79%。由于中国正处在工业化进程中，工业部门的能源消费占比在相当长一段时期内仍将处于较高水平，但存在向下调整的空间。

1. 分品种能源消费流向分析

近年来，煤炭用于发电的占比总体上呈现上升趋势，由 1980 年的 20.7% 上升至 2015 年的 45.06%。2015 年，煤炭用于加工转换的占比达 50.99%。2015 年中国原煤产量为 374 654.16 万吨，原煤供应量为 396 371.63 万吨，其中用于火力发电 176 643.54 万吨，洗选 93 395.97 万吨，炼焦 6891.22 万吨，制气 518.32 万吨，煤

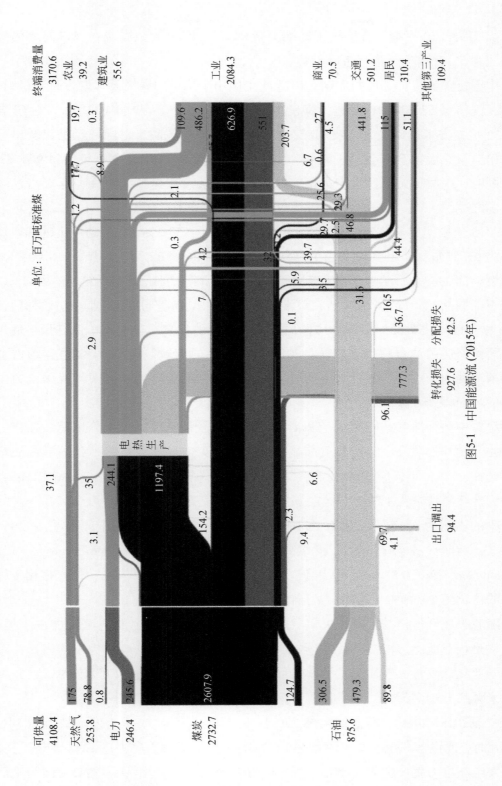

图5-1　中国能源流 (2015年)

制品加工 338.19 万吨。直接用于终端消费 94 027.49 万吨。煤炭在终端能源消费中的占比为 52.36%，呈逐年下降趋势。

中国是焦炭生产和消费大国。2015 年中国用于炼焦的煤炭投入量为原煤 6891.22 万吨，洗精煤 53 674.91 万吨，炼焦效率为 92.34%，产出 44 633.92 万吨焦炭和 817.32 亿立方米焦炉煤气以及 1183.11 万吨其他焦化产品。中国曾经是焦炭出口大国，出口量一度占全球贸易的 60%。近年来出口大幅下降，2015 年出口 964.82 万吨。同时，中国也是钢铁生产大国，随着钢铁消费量增速持续下降，焦炭需求增速也将随之减缓。

2015 年中国原油消费量为 54 093.50 万吨，其中 53 199.22 万吨用于炼油，炼油效率为 97.55%，产出汽油 12 103.56 万吨、煤油 3658.62 万吨、柴油 18 007.89 万吨、燃料油 3963.01 万吨、液化石油气 2934.42 万吨、炼厂干气 1853.65 万吨，以及其他石油制品 17 811.16 万吨。在终端油品消费中，大部分用于工业和交通部门，分别占 27.12% 和 58.82%。随着中国居民消费水平的提高，私人汽车保有量将逐年上升，居民交通用油量将逐步增长。2015 年，31.52 万吨燃料油用于发电，约占全部燃料油消费的 0.67%，相比过去有较大幅度下降，主要得益于近两年我国电力供应紧张的局面得到改善。

尽管中国天然气站能源生产和消费的占比仍较低，但增长十分迅速。在当前气候变化问题和能源安全问题日益凸显的背景下，大力发展天然气是我国能源战略的重要选择。2015 年，中国天然气产量为 1346.10 亿立方米，净进口 430.81 亿立方米，天然气消费量为 1776.91 亿立方米，对外依存度为 24.24%。天然气在一次能源消费中的占比为 6.16%。2015 年，中国天然气消费的 14.04% 用于发电，3.28% 用于供热，在经济合作与发展组织（Organization for Economic Cooperation and Development，OECD）国家，天然气在发电结构的占比达 30% 左右。而直接用于终端消费的占比为 79.19%，其中用于居民消费的占比为 18.75%。

随着天然气价格的下降，天然气发电在我国发电结构中的占比将进一步提高。天然气是相对低碳、清洁的优质能源，提高天然气在能源供应结构中的占比，对减缓气候变化、改善大气环境质量具有重要意义。随着天然气进口设施的日趋完善及进口来源的日趋多元化，今后我国天然气对外依存度将继续攀升。

中国 2015 年电力消费总量为 58 270.17 亿千瓦时，其中，火力发电量为 42 841.88 亿千瓦时，水电、风电和核电总量为 15 303.85 亿千瓦时，净进口 124.44 亿千瓦时，火力发电在电力生产中的占比为 73.68%。终端消费中电力消费的主要流向为工业部门和居民消费，工业部门用电占比为 66.46%，居民电力消费占比为 15.72%。

2. 加工转换环节的能源消费

2015 年中国在加工转换环节能源投入总量为 29.68 亿吨标准煤，平均转换效率为 73.72%。其中，发电及电站供热平均效率为 44.22%，制气平均效率为 63.42%。2015 年煤炭洗选平均效率为 79.10%，炼焦平均效率为 92.34%，炼油及煤制油平均转换效率为 97.55%。中国主要用能设备的效率与世界先进水平差距已大幅缩小。考虑到能源结构、能源品质、地理位置和气候条件等因素，今后我国依靠技术进步实现节能的潜力将越来越小。

3. 终端消费部门的能源消费

我国现行能源平衡表的终端消费量主要以三次产业为部门的分类基准，数据来源主要为企、事业法人单位，上报的数据不仅包括报告者的生产用能，也包括报告者的非生产用能，如交通工具用能和员工生活用能等，甚至还包括报告者的关联工商业经营用能等。因此，我国现有的终端能源统计数据无法与国际通行的终端能源统计数据相对应，也无法匹配至终端用能方式和终端用能设备，难以满足用能技术改造、用能设备升级和能源相关排放量核算的数据要求。结合行业专家的经验公式，遵循"终端用途"原则，图 5-1 的终端消费量由农业、工业、建筑业、交通、商业、其他第三产业和居民 7 类部门数据构成。

2015 年，中国终端消费部门能源消费量为 3170.6 百万吨标准煤。农业部门能源消费量为 39.2 百万吨标准煤，占全国终端能源消费总量的 1.24%。其中，煤炭消费量最大，为 20.1 百万吨标准煤，占整个农业部门的 51.27%；其次为电力的 17.7 百万吨标准煤，占 45.15%；剩余为天然气、石油制品和热力，消费量为 1.4 百万吨标准煤。

工业部门终端能源消费量为 2084.3 百万吨标准煤，占全国终端消费量的 65.74%。工业部门终端能源消费中，煤炭消费量为 626.9 百万吨标准煤，煤制品消费量为 551 百万吨标准煤、原油消费量为 11.2 百万吨标准煤、油制品消费量为 203.7 百万吨标准煤、天然气消费量为 109.6 百万吨标准煤、热力消费量为 95.7 百万吨标准煤、电力消费量为 486.2 百万吨标准煤。

交通部门终端能源消费量为 501.2 百万吨标准煤，占全国终端消费量的 15.81%。其中，88.16% 为油制品，5.85% 为天然气，5.10% 为电力，其他能源品种消费量不足 0.9%。

商业终端能源消费量为 70.5 百万吨标准煤，占全国终端消费量的 2.22%。主要为原煤及煤制品（30.3 百万吨标准煤，占 42.93%）和电力（27.0 百万吨标准煤，占 38.29%）；此外，还有石油制品（4.5 百万吨标准煤，占 6.37%）、天然气（6.7 百万吨标准煤，占 9.45%）、热力（2.1 百万吨标准煤，占 2.96%）。

其他第三产业终端能源消费量为 109.4 百万吨标准煤，占全国终端消费量的 3.45%。主要为原煤及煤制品（31.6 百万吨标准煤，占 28.97%）和电力（51.1 百万吨标准煤，占 46.74%）；此外，还有石油制品（16.5 百万吨标准煤，占 15.04%%）、天然气（5.9 百万吨标准煤，占 5.40%）、热力（4.2 百万吨标准煤，占 3.86%）。

居民终端能源消费量 310.4 百万吨标准煤，占全国终端消费量的 9.79%。主要为电力（115.0 百万吨标准煤，占 37.05%）、油制品（44.4 百万吨标准煤，占 14.31%）和天然气（46.8 百万吨标准煤，占 15.07%）；消费原煤及煤制品 72.2 百万吨标准煤，占 23.26%；热力 4.2 百万吨标准煤，占 3.86%。

二、2015 年上海能源流分析

上海能源流始于外省市调入、国外进口，以及极少量的本地油气生产、风电、太阳能发电和余压余热等废弃物利用，经加工转换（发电、供热、炼焦、制气和炼油等），止于锅炉和车辆等终端用能设备，环环相扣、紧密衔接，具有清晰的、系统的内在联系和数据相关性，如图 5-2 所示。当前和今后一段时期，上海能源消费仍将以煤炭、石油和天然气等化石能源为主，煤炭消费已过"饱和点"将快速减少，石油消费量逐步走向"饱和点"，天然气和外来电等清洁能源的占比会持续增加，风力和太阳能等新能源发电量会大幅增长，但占比依旧较低，规模化的商业利用尚需时日。

1. 分品种能源消费流向分析

基于分能源品种流向，图 5-2 用不同颜色分割、标注出上海能源流向的四大主要节点和关键数据，具体为生产调入量、可供消费量、加工转换量和终端消费量。上海能源主要由外埠调入，国内为主、进口为辅，对外依存度长期维持在 99% 左右。2015 年上海生产调入能源总量为 22 454.3 万吨标准煤（按电热当量法折算，下同），其中，上海本地生产天然气 23.3 万吨标准煤，原油 9.8 万吨标准煤，油制品 4.3 万吨标准煤，高炉煤气、转炉煤气和热力等回收能 150.0 万吨标准煤，以及生物质与城市废弃物等其他能源 13.3 万吨标准煤，累计占生产调入总量的 2.3%。

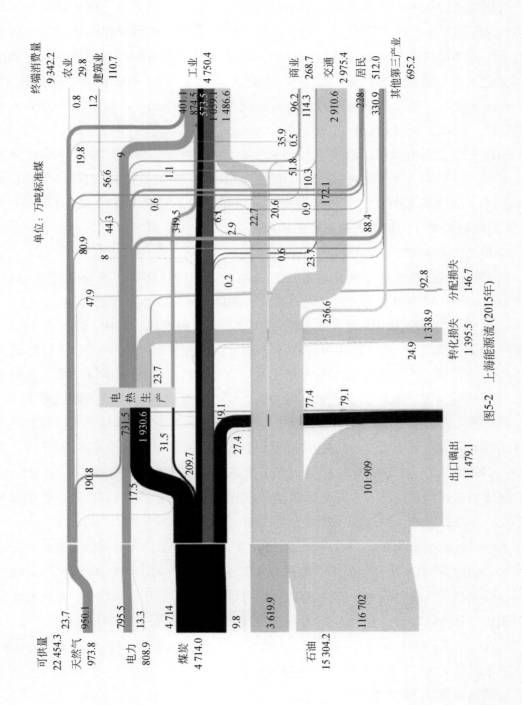

图5-2 上海能源流（2015年）

可供消费量是生产调入量扣减调出量（包括中转量、出口量、境外轮船和飞机在境内加油量等）和库存变化量之后，可供本地消费的能源量。作为重要的中转港口，上海每年都将来自国内国外数量巨大的石油、煤炭中转到邻近省市，具有典型的"大进大出"能源中转特征。2015 年上海累计调出能源 11 479.1 万吨标准煤，其中，调出石油 10 195.2 万吨标准煤，占石油调入总量的 66.6%；调出煤炭 1206.5 万吨标准煤，占煤炭调入总量的 23.1%。

2015 年，上海能源可供消费量为 10 975.1 万吨标准煤，其中，煤炭为 4011.0 万吨标准煤，占可供消费总量的 36.5%，石油为 5109.0 万吨标准煤，占可供消费总量的 46.6%，天然气为 973.76 万吨标准煤，占可供消费总量的 8.9%，电力及热力为 881.4 万吨标准煤，占可供消费总量的 8.0%。

2. 加工转换环节的能源消费

加工转换量指投入加工转换过程的能源数量，是衡量能源生产率的重要指标。上海能源的加工转换部门主要包括火力发电、供热、炼焦、炼油和制气等。

2015 年，上海火力发电投入能源量为 2192.2 万吨标准煤，其中，煤品为 1948.1 万吨标准煤、油品为 23.7 万吨标准煤、天然气为 190.8 万吨标准煤、其他能源为 29.5 万吨标准煤。产出电力为 810.3 亿千瓦时，合 995.9 万吨标准煤。发电损失为 1338.9 万吨标准煤，平均发电效率为 42.7%；能源分配损失为 47.9 万吨标准煤。

供热投入能源量为 260.3 万吨标准煤，其中，煤品 209.7 万吨标准煤、油制品为 19.1 万吨标准煤、天然气为 31.5 万吨标准煤。产出热力为 6908.3 万百万千焦，合 235.6 万吨标准煤。热力损失为 31.6 万吨标准煤，平均供热效率为 88.2%。

炼焦投入煤炭量为 726.8 万吨标准煤，产出焦炭为 219.2 万吨标准煤、焦炉煤气为 146.9 万吨标准煤，平均炼焦效率为 96.6%。

炼油投入原油量为 2521.8 万吨，合 3602.7 万吨标准煤。产出汽油为 790.6 万吨标准煤、柴油为 1108.9 吨标准煤、煤油为 431.0 万吨标准煤、燃料油为 39.7 万吨标准煤、液化石油气为 193.4 万吨标准煤、炼厂干气为 224.8 万吨标准煤、其他石油制品为 819.1 万吨标准煤，合 3577.5 万吨标准煤，平均炼油效率为 99.3%。

制气投入煤品为 0.4 万吨标准煤，天然气为 2.07 万吨标准煤，产出煤气为 0.52 亿立方米，合 2.36 万吨标准煤，平均制气效率为 95.0%。

3. 终端消费部门的能源消费

数据显示，2015 年上海终端消费部门能源消费量为 9342.2 万吨标准煤，其中，工业仍然是上海最主要的终端能源消费部门，其次为交通；商业和居民用能占比较小，农业最少。可见，上海的工业型城市特征依旧显著。

农业部门能源消费量为 29.8 万吨标准煤，占全市终端能源消费总量的 0.32%。其中，油制品消费量最大，为 19.8 万吨标准煤，占整个农业部门的 66.48%；其次为电力的 9.0 万吨标准煤，占 30.3%；剩余为煤炭，消费量为 0.8 万吨标准煤。

工业部门终端能源消费量为 4750.4 万吨标准煤，占全市终端消费量的 50.85%。工业部门终端能源消费中，煤炭为 573.5 万吨标准煤、煤制品为 1059.1 万吨标准煤（其中，焦炭为 675.7 万吨标准煤）、原油为 6.8 万吨标准煤、油制品为 636.9 万吨标准煤、天然气为 401.1 万吨标准煤、热力为 349.5 万吨标准煤、电力为 874.5 万吨标准煤。

交通部门终端能源消费量为 2975.4 万吨标准煤，占全市终端消费量的 31.85%。其中，97.82% 为油制品，1.74% 为电力，其他能源品种消费量不足 0.44%。

商业部门终端能源消费量为 268.7 万吨标准煤，占全市终端消费量的 2.88%。主要为电力（96.2 万吨标准煤，占 35.80%）和油制品（114.3 万吨标准煤，占 42.54%）；消费原煤 20.6 万吨标准煤，占 7.66%；煤制品 0.5 万吨标准煤，占 0.20%；天然气 35.9 万吨标准煤，占 13.37%；热力 1.1 万吨标准煤，占 0.41%。

其他第三产业终端能源消费量为 695.2 万吨标准煤，占全市终端消费量的 7.44%。主要为电力（330.9 万吨标准煤，占 47.60%）和石油制品（256.6 万吨标准煤，占 36.91%）；原煤消费量为 23.7 万吨标准煤，占 3.41%；煤制品为 0.2 万吨标准煤，占 0.03%；天然气为 80.9 万吨标准煤，占 11.64%；热力为 2.9 万吨标准煤，占 0.41%。

居民终端能源消费量为 512.0 万吨标准煤，占全市终端消费量的 5.48%。主要为电力（228.0 万吨标准煤，占 44.53%）、油制品（88.4 万吨标准煤，占 17.26%）和天然气（172.1 万吨标准煤，占 33.61%）；消费煤炭 22.7 万吨标准煤，占 4.43%；煤制品 0.9 万吨标准煤，占 0.18%。

第三节　中国各区域的空间集聚效应与转移效应分析[①]

根据第四章莫兰指数的分析可知，煤炭开采和洗选业、电力热力的生产和供应业、非金属矿物制品业、金属冶炼及压延加工业也具有较强的空间集聚效应，其全

---

① 本节作者：苏昕。

局莫兰指数分别为 0.31～0.42、0.24～0.32、0.23～0.26、0.22～0.30，碳排放的"高-高"区为河北、河南、山西、山东、江苏。

北京、天津、上海和重庆四个直辖市中，北京、天津和上海均处于碳排放的"低-高"区，而重庆的区域特征不明显。针对煤炭开采和洗选业，北京和天津处在碳排放的"低-高"区，而上海的特征不明显；针对电力热力的生产和供应业，上海处在碳排放的"低-高"区，而北京和天津的特征不明显。

以上为各省、自治区、直辖市的典型行业的集聚效应分析，接下来采用投入产出法分析各省份的典型行业的转移效应。转移效应即本研究前述的碳足迹，即一个省份为其他省份提供贸易与服务的消费而导致本省相关部门产生了碳排放。

一、各行业碳排放的集聚效应与转移效应分析

根据投入产出法计算 29 个行业由省内消费、省间消费和出口导致的碳排放量及其比例（表 5-5 和表 5-6）。从绝对量上来看，碳排放量最大的行业为电力、热力的生产和供应业（22），占总排放的 50% 以上，其他主要排放行业依次为金属冶炼及压延加工业（14）、非金属矿物制品业（13）、交通运输及仓储业（25）和煤炭开采和洗选业（2）。

表 5-5　2007 年各行业省内、省间消费和出口导致的碳排放

行业编号	绝对量（百万吨 CO$_2$）			百分比（%）		
	省内	省间	出口	省内	省间	出口
1	57.8	32.9	16.9	53.70	30.50	15.70
2	58.1	134.4	74.2	21.80	50.40	27.80
3	8.4	16.3	7.9	25.70	50.00	24.30
4	5.6	4.1	3	44.20	32.20	23.70
5	3.4	2.2	1.1	50.50	32.90	16.50
6	21.4	15.9	4.5	51.20	38.10	10.70
7	3.7	3	14.7	17.30	14.20	68.50
8	1.9	1.5	3.4	27.80	21.90	50.30
9	2.9	1.4	2.1	45.20	21.90	32.90
10	11.5	7.9	9.7	39.60	27.20	33.20
11	44.9	79.6	52.2	25.40	45.00	29.50
12	48.8	42.6	45	35.20	31.20	33.00
13	315.4	173.6	97.3	53.80	29.60	16.60
14	271.8	373.6	314.5	28.30	38.90	32.80

续表

行业编号	绝对量（百万吨CO₂）			百分比（%）		
	省内	省间	出口	省内	省间	出口
15	1.8	4.6	5.2	15.50	39.30	45.30
16	17.3	11.4	7.9	47.20	31.30	21.50
17	9.8	6.1	3.6	50.20	31.50	18.30
18	4.5	2.3	3.6	43.10	21.90	35.00
19	1.5	1.1	4	22.40	16.90	60.60
20	0.2	0.2	0.8	16.20	15.80	68.10
21	0.9	1.2	1.8	23.60	30.60	45.80
22	1380.3	1171.2	745.7	41.90	35.50	22.60
23	5.8	2.6	1.7	57.70	25.40	16.80
24	35.9	1.9	0.5	93.70	4.90	1.30
25	190.9	105.3	128.2	45.00	24.80	30.20
26	46.5	20.3	18.1	54.80	23.90	21.30
27	49.4	10.4	7.8	73.00	15.40	11.60

表 5-6 行业分类

编号	行业名称	编号	行业名称
1	农林牧渔业	16	通用、专用设备制造业
2	煤炭开采和洗选业	17	交通运输设备制造业
3	石油和天然气开采业	18	电气机械及器材制造业
4	金属矿采选业	19	通信设备、计算机及其他电子设备制造业
5	非金属矿及其他矿采选业	20	仪器仪表及文化办公用机械制造业
6	食品制造及烟草加工业	21	其他制造业
7	纺织业	22	电力、热力的生产和供应业
8	纺织服装鞋帽皮革羽绒及其制品业	23	燃气及水的生产与供应业
9	木材加工及家具制造业	24	建筑业
10	造纸印刷及文教体育用品制造业	25	交通运输、仓储和邮政业
11	石油加工、炼焦及核燃料加工业	26	批发零售业/住宿餐饮业
12	化学工业	27	租赁和商业服务业/研究与试验发展业/其他服务业
13	非金属矿物制品业	28	城市消费
14	金属冶炼及压延加工业	29	农村消费
15	金属制品业		

在上述 5 个行业中，除交通运输及仓储业的排放主要来省内消费外，其他 4 个行业的碳排放主要来源均包括省间消费。2007 年，电力、热力的生产和供应业、金属冶炼及压延加工业、非金属矿物制品业、煤炭开采和洗选业的省间消费碳排放分别为 1171.2 百万吨 CO_2、373.6 百万吨 CO_2、173.6 百万吨 CO_2 和 134.4 百万吨 CO_2，分别占当年省间消费碳排放的 52.6%、16.8%、7.8% 和 6.0%。

二、各地区碳排放的集聚效应与转移效应分析

进一步分析上述 4 个行业碳排放量转移效应的空间特征。结果表明（表 5-7），煤炭开采和洗选业中，省间碳排放的生产地主要是河北、山西、河南和山东，其商品和服务的消费地主要是北京、天津、江苏、上海和广东；非金属矿物制品业中，省间碳排放的生产地主要是河北、山东和河南，其商品和服务的消费地主要是江浙沪与广东；金属冶炼及压延加工业中，省间碳排放的生产地主要是河北、辽宁与河南，其商品和服务的消费地主要是浙江、上海、黑吉辽、北京；电力、热力的生产和供应业中，省间碳排放的生产地主要是内蒙古、山西、河南，其商品和服务的消费地主要是山东、江浙沪等。

以上说明，这四个行业省间碳排放主要发生在以河北、河南、山西、山东为主的华北、华东地区，其商品和服务的消费地主要为北京和江浙沪等经济较为发达的地区。这说明高排放集聚地区的部分碳排放是由经济发达地区的消费驱动导致的，特别如以京津冀为主的华北地区。

表 5-7　主要行业省间消费导致的碳排放

煤炭开采和洗选业			非金属矿物制品业			金属冶炼及压延加工业			电力、热力的生产和供应业		
流出省份	流入省份	流量（10MtCO₂）	流出省份	流入省份	流量（10MtCO₂）	流出省份	流入省份	流量（10MtCO₂）	流出省份	流入省份	流量（10MtCO₂）
河北	上海	4.62	河北	北京	9.95	河北	浙江	16.68	内蒙古	吉林	36.68
河北	广东	4.06	安徽	江苏	4.8	河北	江苏	10.99	山西	山东	21.27
河北	江苏	3.33	河北	天津	3.86	辽宁	吉林	7.91	内蒙古	山东	18.33
河南	广东	2.88	浙江	上海	3.65	辽宁	黑龙江	7.72	江苏	浙江	16.86
山东	上海	2.77	湖南	广东	2.59	河北	山东	7.17	河南	山东	13.33
河北	北京	2.53	山东	江苏	2.42	河北	北京	5.67	黑龙江	吉林	11.77
河北	天津	2.53	江苏	安徽	2.38	河北	河南	5.49	河南	浙江	11.13
山西	河北	2.51	广西	广东	2.1	河南	浙江	5.43	浙江	山东	11.1

续表

煤炭开采和洗选业			非金属矿物制品业			金属冶炼及压延加工业			电力、热力的生产和供应业		
流出省份	流入省份	流量（10MtCO$_2$）	流出省份	流入省份	流量（10MtCO$_2$）	流出省份	流入省份	流量（10MtCO$_2$）	流出省份	流入省份	流量（10MtCO$_2$）
山西	广东	2.4	河南	上海	2.09	河北	上海	5.3	内蒙古	河北	10.97
河南	江苏	2.15	河南	浙江	2.05	河北	辽宁	4.88	浙江	上海	9.96

通过以上分析可知，从碳排放的空间集聚效应上看，我国的碳排放的"高–高"区为河北、河南、山西、山东、江苏。碳排放的集聚效应明显的行业主要为煤炭开采和洗选业、电力、热力的生产和供应业、非金属矿物制品业、金属冶炼及压延加工业。而从碳排放的空间转移效应来看，电力、热力的生产和供应业、金属冶炼及压延加工业、非金属矿物制品业、煤炭开采和洗选业的转移效应较为明显，主要的空间转移地区为河北、河南、山西、山东。综合表明，我国碳排放的空间集聚效应和转移效应具有较大的行业相似度和区域相似度。

第四节　中国城市的碳浓度时空特征分析[①]

一、总体数据来源及数据形态描述

利用美国OCO-2嗅碳卫星数据开展2年跟踪，共获取331个城市，1 724 016组碳浓度数据，其中，第一年获取数据853 052组，有效数据比例为65.22%，第二年获取数据870 964组，有效数据比例为59.33%。从数据获取的季节变化来看，第4季度获取数据的量较其他季度多，有效数据比例也相对高，而第1季度获取数据的量较其他季度少，有效数据比例也相对低（表5-8）。

表5-8　城市碳浓度值数据获取的总体情况

观测时间（N=331个城市，时间跨度：2014年9月~2016年9月）	总获取数据	有效数据（不确定度≤15）	无效数据（不确定度>15）	有效数据比例（%）
第一年	853 052	556 400	296 652	65.22
2014年第4季度	329 455	219 372	110 083	66.59

---

① 本节作者：汪鸣泉。

续表

观测时间（N=331 个城市，时间跨度：2014 年 9 月～2016 年 9 月）	总获取数据	有效数据（不确定度≤15）	无效数据（不确定度>15）	有效数据比例（%）
2015 年第 1 季度	121 649	55 057	66 592	45.26
2015 年第 2 季度	156 761	98 429	58 332	62.79
2015 年第 3 季度	245 187	183 542	61 645	74.86
第二年	870 964	516 745	354 219	59.33
2015 年第 4 季度	262 087	177 001	85 086	67.54
2016 年第 1 季度	170 172	91 752	78 420	53.92
2016 年第 2 季度	221 680	112 181	109 499	50.60
2016 年第 3 季度	217 025	135 811	81 214	62.58
2 年合计	1 724 016	1 073 145	650 871	62.25

二、中国城市碳浓度逐月变化情况

利用美国 OCO-2 嗅碳卫星数据开展 2 年跟踪，对 2014 年 9 月～2016 年 9 月的 331 个城市的数据进行了逐月分析，可以看到，第 1 年的中国城市碳排放浓度要明显低于第 2 年的中国城市碳排放浓度，说明中国城市碳排放浓度随着时间的推移，2 年内逐渐增高。从季节的比较来看，每年的 2～5 月的浓度要高于同年的其他月份，季节上呈现波动，总体来说，冬去春来的季节浓度较高，而夏季的浓度较低。

三、中国城市碳浓度空间变化情况

中国城市碳排放浓度呈现很强的区域特征，相比较而言，它与我国人口、气候条件的地理分界线黑河—腾冲线存在一定程度的吻合，同时也可以看到，其基本上和我国 400 毫米等降水量线重合，两边地理、气候迥异，也与人口民族、自然地理的分界线吻合。线东南方以平原、水网、丘陵、喀斯特和丹霞地貌为主要地理结构；线西北方人口密度极低，是草原、沙漠和雪域高原的世界。

此外，在黑河—腾冲线东南方的广大人口相对密集、经济相对发达地区，出现了部分碳排放浓度连片密集的区域，如长三角城市群区域、山东南部江苏北部的城市群区域、广东湖南湖北区域和重庆四川等区域。特别是 36 个省会及副省级以上城市的碳排放浓度值与全国城市均值比较研究后（图5-3），可以看到，行政级别较高的城市其碳排放浓度值相对高于全国均值。因此，碳排放浓度的变化，不但与地形地貌等相关，还与人口经济发展的程度相关，但无论区域上如何变化，总体的浓度总量值却呈现了上升的趋势。

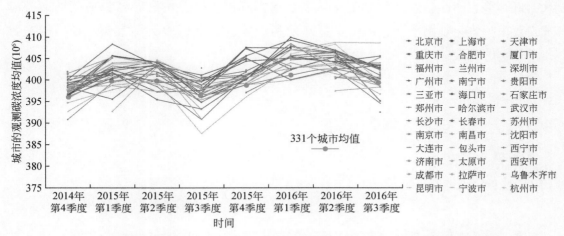

图 5-3　全国 36 个省会及副省级以上城市的碳排放浓度值与全国城市均值比较研究

四、中国至 2020 年城市碳评估技术建议

　　城市的低碳发展是一个多维度的转型升级、优化创新的过程，应秉持"创新、协调、绿色、开放、共享"的发展理念，围绕城市绿色、健康、可持续发展愿景，紧紧抓住碳排放量，作为城市碳评估"可测量、可报告、可核查"的要求，这就离不开长期、可靠的观测数据。国际上已在多年内，部署了对 CO_2 和 CH_4 等气体的监测卫星，其中，日本首颗温室气体检测卫星 GoSAT，主要用于 CO_2 和 CH_4 的监测，于 2009 年 1 月发射，观测数据超过 250T，目前日本已发射其第二颗卫星 GoSAT2。美国 2014 年 7 月发射成功 OCO-2 卫星，后续的卫星 OCO-3 将于 2019 年发射。法国也规划了其温室气体观测卫星 MicroCarb，主要用于 CO_2 的监测，预计于 2020 年前后发射。

　　我国首颗碳卫星 TanSAT 已于 2016 年 12 月发射，主要用于 CO_2 的监测，同时，我国的高分五号遥感观测卫星和风云三号 D 星遥感观测卫星也搭载了温室气体观测载荷，可以对相关温室气体数据进行监测。不同的碳卫星观测城市区域和国家区域的颗粒度使得不同精度和不同地理尺度下的观测不确定性差异较大。原则上说，集中观测的区域面积越大，则同一观测时间段内，相对观测的次数越多，不确定性越低，而反之，集中观测的区域面积越小，则同一观测时间段内，相对观测的次数越少，不确定性越高。因此，在卫星观测城市这一尺度时，往往采样点过少，而使得数据量不够。因此，建立整合卫星监测、地面观测、行业检测、经济估测的多源碳排放数据一体化观测平台，将可以更好地利用碳卫星数据服务国家碳科研、碳减排和碳外交等重大战略。

|第六章| 中国智慧低碳健康城市指数评估①

第一节 中国智慧低碳健康城市指数评估分析

一、指标选取和构建的原则

1）科学原则。即在指标的分析过程中，要采取明确的科学方法与统计方法，使得每一项指标能够反映城市在该领域的低碳发展状况；同时，在指标体系构建完成后，也应当采用科学的方法进行分析与成果检验，确保指标体系的科学性。

2）实践原则。即在指标筛选的过程中，要尽量选取我国目前的统计口径下获取的数据，得出明确的分析结论，以更好地指导城市发展。

3）发展原则。即指标体系的构建，要考虑今后指标体系进一步改进的空间与可能性，增加该指标体系与相关统计数据库、相关指标体系的可兼容性，从而使得该指标体系能够在未来更好地进化与发展。

二、指标选取和构建的方法

1. 明确城市碳评估的目标

城市碳评估的目标并不是为了减少碳排放而遏制城市的发展甚至是不发展，而是通过引导低碳城市的建设，使得整个城市的发展能够更加可持续，同时为居民提供更好的城市空间与生活质量。

2. 明确评价的城市领域与指标维度框架

基于城市碳评估的目标，构建十个维度（能耗、排放、碳浓度、空气质量、经济

---

① 本章作者：汪鸣泉。

产业、土地利用、资源环境、交通运输、通信信息、健康安全）的指标体系（表6-1）。

表6-1　中国智慧低碳健康城市的指标选取和构建

维度	指标		平均值	基准值	指标定性	权重	北京	天津	上海	重庆
能耗	能源消费生产强度特征（省级）	单位 GDP 能耗（吨标准煤/万元）	0.73	0.73	−1.00	0.200	0.829	0.775	0.790	0.748
		单位 GDP 分地区可供本地区消费的能源量（万吨标准煤/万元）	0.72	0.72	−1.00	0.150	0.840	0.800	0.805	0.778
		单位 GDP 一次能源生产量（万吨标准煤/万元）	0.71	0.71	−1.00	0.150	0.887	0.832	0.889	0.839
	电力能耗生产强度特征（省级）	单位 GDP 电力消耗（万千瓦时/万元）	0.09	0.09	−1.00	0.100	0.820	0.807	0.790	0.783
		单位 GDP 电力生产（万千瓦时/万元）	0.10	0.10	−1.00	0.075	0.869	0.836	0.846	0.824
		单位 GDP 火力发电用能（万吨标准煤/万元）	0.14	0.14	−1.00	0.075	0.873	0.821	0.841	0.840
	供热能耗强度特征（省级）	人均城市蒸汽供应能力[吨/（小时·万人）]	1.11	1.11	−1.00	0.025	0.875	0.204	0.890	0.890
		人均城市热水供应能力（兆瓦/万人）	6.59	6.59	−1.00	0.025	0.110	0.199	0.890	0.890
		人均供热用能（万吨标准煤/万人）	0.04	0.04	−1.00	0.050	0.683	0.275	0.856	0.846
	能源加工转换强度特征（省级）	单位 GDP 能源加工转换投入量（万吨标准煤/万元）	0.28	0.28	−1.00	0.150	0.880	0.844	0.860	0.845
排放	排放强度特征（省级–碳专项）	单位 GDP 排放（吨二氧化碳/万元）–碳专项	1.96	1.96	−1.00	0.250	0.829	0.775	0.790	0.748
	排放强度特征（省级–IPCC）	单位 GDP 排放（吨二氧化碳/万元）–IPCC	1.96	1.96	−1.00	0.250	0.829	0.775	0.790	0.748
	排放强度特征（省级–碳足迹）	单位 GDP 排放（吨二氧化碳/万元）–生产者视角	1.96	1.96	−1.00	0.250	0.829	0.775	0.790	0.748
		单位 GDP 排放（吨二氧化碳/万元）–消费者视角	1.96	1.96	−1.00	0.250	0.829	0.775	0.790	0.748

维度		指标	平均值	基准值	指标定性	权重	北京	天津	上海	重庆
碳浓度	碳浓度特征(全市级–均值)	美国 OCO-2 观测数据(ppm)	400.18	400.18	-1.00	0.400	0.700	0.698	0.690	0.699
	碳浓度特征(全市级–重浓度天数)	美国 OCO-2 观测数据(ppm)>400 的天数比例	0.56	0.56	-1.00	0.300	0.766	0.641	0.354	0.716
		美国 OCO-2 观测数据(ppm)>402 的天数比例	0.33	0.33	-1.00	0.300	0.747	0.515	0.116	0.443
空气质量	空气质量特征(全市级–均值)	AQI 均值	83.45	83.45	-1.00	0.400	0.438	0.553	0.649	0.706
	空气质量特征(全市级–污染天数)	AQI>100 的天数比例	0.24	0.24	-1.00	0.300	0.248	0.398	0.551	0.760
		AQI>200 的天数比例	0.04	0.04	-1.00	0.300	0.052	0.302	0.819	0.760
经济产业	城市经济特征(省级)	城镇化率	0.54	0.54	1.00	0.200	0.835	0.822	0.845	0.729
		城镇居民消费水平（万元）	2.26	2.26	1.00	0.150	0.851	0.793	0.890	0.718
		单位 GDP 技术市场成交额（万元/万元）	0.01	0.01	1.00	0.150	1.000	0.973	0.975	0.820
	产业发展特征(全市级)	第三产业占 GDP 比重（%）	36.50	36.50	1.00	0.200	0.901	0.781	0.852	0.739
		人口密度(人/平方公里)	429.60	429.60	1.00	0.150	0.874	0.885	0.996	0.665
		人均第二产业 GDP（元/万人）	131.09	131.09	-1.00	0.150	0.866	0.809	0.851	0.885
资源环境	电力资源消耗特征(市辖区级)	人均全社会日用电量(千瓦时)	7.71	7.71	-1.00	0.100	0.172	0.123	0.058	0.782
		人均日工业用电(千瓦时)	5.73	5.73	-1.00	0.050	0.634	0.141	0.132	0.802
		人均日居民生活用电(千瓦时)	0.77	0.77	-1.00	0.050	0.031	0.133	0.012	0.631
	水资源消耗特征(市辖区级)	人均日城市供水总量(升)	113.32	113.32	-1.00	0.050	0.059	0.286	0.009	0.765
		人均日生活用水总量(升)	37.95	37.95	-1.00	0.050	0.029	0.331	0.011	0.641
	气资源消耗特征（市辖区级）	人均日供气总量(立方米)	0.19	0.19	-1.00	0.050	0.000	0.031	0.001	0.462
		人均日液化石油气供气总量(千克)	0.23	0.23	-1.00	0.050	0.026	0.801	0.069	0.849
	资源环境特征(省级)	水资源量（立方米/人）	2255.67	2255.67	1.00	0.150	0.269	0.266	0.281	0.670
		工业污染治理完成投资占第二产业 GDP 比重（%）	0.35	0.35	-1.00	0.150	0.823	0.751	0.795	0.863

续表

维度		指标	平均值	基准值	指标定性	权重	北京	天津	上海	重庆
资源环境	污染物排放特征（全市级）	单位面积工业废水排放量（升/立方米）	8.80	8.80	-1.00	0.100	0.787	0.320	0.001	0.825
		单位面积二氧化硫排放量（吨/平方千米）	5746.42	5746.42	-1.00	0.100	0.808	0.092	0.823	0.670
		单位面积工业烟尘排放量（吨/平方千米）	3803.86	3803.86	-1.00	0.100	0.829	0.476	0.117	0.804
土地利用	土地利用特征（省级）	人均农用耕地、森林、园地、草地面积（平方米）	5850.05	5850.05	1.00	0.125	0.282	0.279	0.263	0.386
		人均湿地、非农用森林、草地面积（平方米）	2350.47	2350.47	1.00	0.125	0.303	0.274	0.263	0.396
	绿化碳汇特征（市辖区级）	人均绿地面积（平方米）	45.11	45.11	1.00	0.125	0.740	0.481	0.892	0.468
		建成区绿化覆盖率（%）	38.68	38.68	1.00	0.125	0.782	0.643	0.694	0.722
	污染物处理能力特征（全市级）	一般工业固体废弃物综合利用率（%）	81.81	81.81	1.00	0.075	0.717	0.758	0.751	0.708
		生活垃圾处理率（%）	83.12	83.12	1.00	0.075	0.705	0.721	0.716	0.734
		生活污水处理率（%）	88.69	88.69	1.00	0.125	0.734	0.726	0.717	0.734
	建设密度特征（市辖区级）	人口密度（人/平方公里）	901.46	901.46	1.00	0.100	0.737	0.762	0.957	0.503
		人均建设用地面积（平方米/人）	102.14	102.14	-1.00	0.075	0.583	0.735	0.235	0.817
		人均居住用地面积（平方米/人）	30.68	30.68	-1.00	0.075	0.700	0.757	0.152	0.811
交通运输	交通工具特征（省级）	人均船舶拥有量(艘/万人)	870.15	870.15	1.00	0.050	0.920	0.863	0.614	0.536
		人均运营车辆拥有量（辆/万人）	114.98	114.98	1.00	0.050	0.716	0.710	0.604	0.598
		人均私人小汽车拥有量（辆/万人）	791.73	791.73	-1.00	0.300	0.890	0.885	0.889	0.839
	综合运输特征（全市级）	人均货运总量（吨）	43.00	43.00	1.00	0.100	0.407	0.746	0.815	0.506
		铁路与水运货运量之和/公路与航空货运量之和	0.36	0.36	1.00	0.050	0.291	0.834	0.959	0.458
		人均客运总量（人）	33.16	33.16	1.00	0.100	0.840	0.625	0.385	0.825
		铁路与水运客运量之和/公路与航空客运量之和	0.17	0.17	1.00	0.050	0.737	0.542	0.991	0.301

续表

维度	指标		平均值	基准值	指标定性	权重	北京	天津	上海	重庆
交通运输	城市交通特征（市辖区级）	人均城市道路面积(平方米)	14.00	14.00	-1.00	0.100	0.808	0.645	0.814	0.816
		万人拥有公共汽车数(辆)	8.20	8.20	1.00	0.050	0.919	0.806	0.817	0.587
		人均公交使用次数（次）	123.04	123.04	1.00	0.100	0.965	0.789	0.838	0.729
		千人拥有出租车数（辆）	2.31	2.31	1.00	0.050	0.921	0.849	0.837	0.423
通信信息	智慧互联特征（全市级）	全市人均电信业务收入（元）	896.54	896.54	1.00	0.125	0.995	0.870	0.982	0.533
		人均固定电话年末用户数（户）	0.20	0.20	1.00	0.125	0.968	0.856	0.959	0.604
		人均移动电话年末用户数（户）	1.04	1.04	1.00	0.125	0.931	0.770	0.905	0.509
		人均互联网宽带接入用户数(户)	0.17	0.17	1.00	0.125	0.927	0.732	0.902	0.630
	通信快递特征（省级）	人均移动电话通信时长（分钟）	2127.74	2127.74	1.00	0.100	0.857	0.707	0.766	0.719
		人均3G/4G用户数量（户）	0.42	0.42	1.00	0.250	0.932	0.787	0.843	0.710
		人均快递业务收入（万元）	113.11	113.11	1.00	0.150	0.998	0.811	1.000	0.467
健康安全	医疗条件特征（全市）	卫生、社会保障和社会福利业从业人数比例（%）	7.09	7.09	1.00	0.100	0.445	0.539	0.479	0.445
		医院、卫生院数比例（个/万人）	0.72	0.72	1.00	0.100	0.509	0.501	0.473	0.478
		医院、卫生院床位数比例（张/万人）	44.55	44.55	1.00	0.200	0.886	0.751	0.861	0.642
		医生数（执业医师+执业助理医师）比例（人/万人）	25.20	25.20	1.00	0.100	0.973	0.881	0.961	0.722
	保险特征（全市）	基本养老保险参保人数比例(%)	23.32	23.32	1.00	0.250	0.989	0.912	0.985	0.680
		基本医疗保险参保人数比例(%)	20.41	20.41	1.00	0.250	0.995	0.926	0.993	0.566

注：ppm=10^{-6}

3. 明确数据采集的尺度和来源

采集《中国统计年鉴》、《中国能源统计年鉴》、《中国城市统计年鉴》、《中国城市建设统计年鉴》、美国 OCO-2 卫星的城市 2014 年 9 月至 2016 年 9 月日浓度数据、生态环境部的城市历年日空气质量指数数据等，形成层次分明又有统计意义的数据指标库。

4. 采用科学的方法进行指标遴选

采用相关性分析、层次分析、聚类分析，对不同的城市和指标进行遴选、分类，按照指标对能耗排放的影响程度，建立空间时间尺度差异的代表性指标数据。

5. 采用统计学方法对各项指标进行打分

通过统一的打分方法，对城市的各领域、各项指标进行打分，形成各指标得分，并通过罗盘的形式，更直观地对城市各领域的低碳发展状况进行解析。

6. 最终形成"城市碳评估"排名

综合各维度、各项得分，按照正负相关性，进行权重分配，最终形成"城市碳评估"结果，并对全国 280 余个城市进行综合排名。

第二节　中国智慧低碳健康城市指数类型评估结果

整合第六章第一节的中国智慧低碳健康城市指数评估分析中的指标选取和构建原则，将中国智慧低碳健康城市指数评估结果按照能耗指数、排放指数、碳浓度指数、空气质量指数、经济产业指数、资源环境指数、土地利用指数、交通运输指数、通信信息指数、健康安全指数，进行细分，得出不同城市的指数得分表（表 6-2）。

表 6-2　中国智慧低碳健康城市指数评估数据

城市名	能耗	排放	碳浓度	空气质量	经济产业	资源环境	土地利用	交通运输	通信信息	健康安全	总分
北京市	0.8283	0.8288	0.7341	0.2650	0.8859	0.4623	0.6318	0.7941	0.9462	0.8657	0.7242
天津市	0.7554	0.7754	0.6261	0.4313	0.8396	0.3399	0.5995	0.7763	0.7926	0.8018	0.6738
石家庄市	0.6460	0.4849	0.7368	0.2637	0.6564	0.5032	0.6427	0.6861	0.5948	0.6060	0.5821
唐山市	0.6460	0.4849	0.7109	0.2766	0.6189	0.3714	0.6154	0.6906	0.6164	0.7124	0.5744
秦皇岛市	0.6460	0.4849	0.4794	0.7264	0.6295	0.5132	0.6608	0.6991	0.6345	0.6792	0.6153
邯郸市	0.6460	0.4849	0.6761	0.2786	0.6571	0.5217	0.6706	0.6789	0.4866	0.4541	0.5555
邢台市	0.6460	0.4849	0.7584	0.2102	0.6317	0.5645	0.6546	0.6633	0.4925	0.4388	0.5545
保定市	0.6460	0.4849	0.5706	0.1749	0.6273	0.6758	0.6313	0.6576	0.5376	0.4598	0.5466
张家口市	0.6460	0.4849	0.7648	0.7848	0.5832	0.6835	0.6370	0.7067	0.5132	0.5196	0.6324

续表

城市名	能耗	排放	碳浓度	空气质量	经济产业	资源环境	土地利用	交通运输	通信信息	健康安全	总分
承德市	0.6460	0.4849	0.7299	0.6902	0.5565	0.6914	0.5884	0.6975	0.5068	0.5505	0.6142
沧州市	0.6460	0.4849	0.6950	0.4232	0.6425	0.6673	0.6128	0.6991	0.5277	0.4678	0.5866
廊坊市	0.6460	0.4849	0.8122	0.2687	0.6458	0.6178	0.6419	0.6500	0.6381	0.5171	0.5923
衡水市	0.6460	0.4849	0.5621	0.1921	0.6227	0.6794	0.6064	0.6845	0.5336	0.4621	0.5474
太原市	0.2025	0.2250	0.7503	0.5974	0.6848	0.3536	0.6912	0.6100	0.7389	0.8366	0.5690
大同市	0.2025	0.2250	0.7615	0.7804	0.6373	0.6108	0.6440	0.5910	0.5976	0.7082	0.5758
阳泉市	0.2025	0.2250	0.8011	0.6587	0.5716	0.4495	0.5771	0.6367	0.6541	0.7300	0.5506
长治市	0.2025	0.2250	0.7910	0.5889	0.5953	0.5648	0.6800	0.5679	0.5775	0.5942	0.5387
晋城市	0.2025	0.2250	0.5644	0.6269	0.5845	0.5947	0.7051	0.5908	0.6296	0.6244	0.5348
朔州市	0.2025	0.2250	0.7895	0.5819	0.5532	0.6174	0.6385	0.5663	0.5519	0.4805	0.5207
晋中市	0.2025	0.2250	0.7855	0.6434	0.6174	0.6054	0.6157	0.5309	0.6110	0.5775	0.5414
运城市	0.2025	0.2250	0.8118	0.5253	0.6522	0.6477	0.6261	0.4857	0.5605	0.5570	0.5294
忻州市	0.2025	0.2250	0.7758	0.5710	0.6132	0.6938	0.5632	0.5339	0.5803	0.5703	0.5329
临汾市	0.2025	0.2250	0.7797	0.6337	0.6049	0.6679	0.6057	0.5158	0.5941	0.5091	0.5338
吕梁市	0.2025	0.2250	0.7709	0.7586	0.5710	0.6717	0.5950	0.4747	0.5493	0.4240	0.5243
呼和浩特市	0.2355	0.4630	0.7883	0.7067	0.6092	0.5903	0.6943	0.5143	0.7152	0.6636	0.5980
包头市	0.2355	0.4630	0.7854	0.6399	0.5183	0.4296	0.7370	0.4922	0.6799	0.7590	0.5740
乌海市	0.2355	0.4630	0.7850	0.5990	0.5081	0.3455	0.7386	0.4644	0.6750	0.8116	0.5626
赤峰市	0.2355	0.4630	0.7986	0.7807	0.5997	0.7234	0.7101	0.4183	0.5383	0.5401	0.5808
通辽市	0.2355	0.4630	0.7992	0.6874	0.5688	0.6822	0.7020	0.4352	0.5906	0.5280	0.5692
鄂尔多斯市	0.2355	0.4630	0.7757	0.7919	0.4821	0.7021	0.6664	0.4593	0.6508	0.6953	0.5922
呼伦贝尔市	0.2355	0.4630	0.7738	0.8351	0.5825	0.7343	0.6299	0.4770	0.5908	0.7247	0.6047
巴彦淖尔市	0.2355	0.4630	0.7762	0.7575	0.5395	0.7256	0.7167	0.3291	0.5677	0.5689	0.5680
乌兰察布市	0.2355	0.4630	0.8014	0.7660	0.5906	0.7358	0.6941	0.3705	0.5272	0.4671	0.5651
沈阳市	0.6872	0.6693	0.6808	0.3799	0.7628	0.5028	0.6855	0.7324	0.7310	0.7390	0.6571
大连市	0.6872	0.6693	0.7596	0.6901	0.7433	0.4600	0.6441	0.7933	0.7421	0.7612	0.6950
鞍山市	0.6872	0.6693	0.7368	0.4357	0.7252	0.4839	0.6406	0.7395	0.6807	0.7082	0.6507
抚顺市	0.6872	0.6693	0.6512	0.6694	0.6431	0.5561	0.6191	0.7066	0.6661	0.7847	0.6653
本溪市	0.6872	0.6693	0.6839	0.7201	0.5942	0.4776	0.6234	0.7983	0.6785	0.8667	0.6799
丹东市	0.6872	0.6693	0.5456	0.7923	0.6859	0.7504	0.6168	0.6935	0.6604	0.7783	0.6880
锦州市	0.6872	0.6693	0.7722	0.5381	0.7121	0.7138	0.6085	0.7151	0.6562	0.6665	0.6739
营口市	0.6872	0.6693	0.7933	0.5252	0.7181	0.6802	0.6411	0.7521	0.6837	0.6690	0.6819
阜新市	0.6872	0.6693	0.7865	0.7150	0.6763	0.6663	0.5755	0.6799	0.6480	0.7207	0.6825
辽阳市	0.6872	0.6693	0.7096	0.5683	0.6442	0.4900	0.6205	0.7067	0.6686	0.7830	0.6548
盘锦市	0.6872	0.6693	0.7791	0.6363	0.5581	0.4699	0.6555	0.7309	0.6939	0.8486	0.6729
铁岭市	0.6872	0.6693	0.7109	0.6569	0.6794	0.7562	0.6401	0.6560	0.5773	0.5288	0.6562
朝阳市	0.6872	0.6693	0.7563	0.7731	0.6700	0.7519	0.5377	0.6368	0.5919	0.5505	0.6625
葫芦岛市	0.6872	0.6693	0.7357	0.6386	0.7174	0.7288	0.6036	0.7029	0.6100	0.6641	0.6758
长春市	0.7183	0.7416	0.8063	0.4495	0.6424	0.7199	0.6433	0.6781	0.6469	0.6935	0.6740

续表

城市名	能耗	排放	碳浓度	空气质量	经济产业	资源环境	土地利用	交通运输	通信信息	健康安全	总分
吉林市	0.7183	0.7416	0.7969	0.4661	0.6051	0.7085	0.6638	0.6926	0.6021	0.6905	0.6686
四平市	0.7183	0.7416	0.7193	0.5165	0.5865	0.6881	0.6146	0.6510	0.5433	0.5471	0.6326
辽源市	0.7183	0.7416	0.7162	0.6674	0.5067	0.7514	0.6329	0.6462	0.5786	0.6282	0.6588
通化市	0.7183	0.7416	0.5112	0.7430	0.5850	0.7687	0.6597	0.7221	0.5851	0.6558	0.6691
白山市	0.7183	0.7416	0.6624	0.7321	0.4916	0.7730	0.5473	0.6599	0.6012	0.7357	0.6663
松原市	0.7183	0.7416	0.7950	0.7053	0.5875	0.7710	0.6871	0.6770	0.5312	0.4636	0.6678
白城市	0.7183	0.7416	0.7318	0.7187	0.5829	0.7905	0.5982	0.6557	0.5673	0.5729	0.6678
哈尔滨市	0.6383	0.6395	0.7847	0.3903	0.7006	0.7787	0.7018	0.6826	0.6259	0.6377	0.6580
齐齐哈尔市	0.6383	0.6395	0.7792	0.7879	0.6776	0.8276	0.6533	0.6070	0.4984	0.5875	0.6696
鸡西市	0.6383	0.6395	0.6390	0.8304	0.6422	0.7877	0.6426	0.6839	0.5561	0.6889	0.6749
鹤岗市	0.6383	0.6395	0.5304	0.7753	0.6057	0.7358	0.5889	0.6867	0.5577	0.6809	0.6439
双鸭山市	0.6383	0.6395	0.5181	0.7812	0.6024	0.8198	0.6699	0.6422	0.5565	0.5539	0.6422
大庆市	0.6383	0.6395	0.8038	0.7908	0.4927	0.6326	0.6844	0.6593	0.6312	0.6811	0.6654
伊春市	0.6383	0.6395	0.6740	0.8418	0.6381	0.7827	0.6202	0.6371	0.5758	0.6957	0.6743
佳木斯市	0.6383	0.6395	0.7333	0.8250	0.6699	0.8005	0.7012	0.6911	0.5577	0.6690	0.6926
七台河市	0.6383	0.6395	0.7325	0.6835	0.6526	0.7521	0.6751	0.6668	0.5471	0.6516	0.6639
牡丹江市	0.6383	0.6395	0.7132	0.7636	0.6629	0.7918	0.6868	0.6479	0.5601	0.6156	0.6720
黑河市	0.6383	0.6395	0.5916	0.8335	0.6515	0.8338	0.6183	0.6300	0.5349	0.5009	0.6472
绥化市	0.6383	0.6395	0.7852	0.7700	0.6673	0.8314	0.6585	0.5290	0.4600	0.3798	0.6359
上海市	0.8337	0.7896	0.4171	0.6706	0.8960	0.2728	0.5885	0.7930	0.9059	0.8582	0.7025
南京市	0.8097	0.7929	0.6554	0.5939	0.8047	0.3285	0.6404	0.7456	0.8409	0.7803	0.6992
无锡市	0.8097	0.7929	0.6800	0.5888	0.7454	0.3841	0.6376	0.6804	0.8450	0.7802	0.6944
徐州市	0.8097	0.7929	0.5180	0.5518	0.7998	0.6789	0.6450	0.6855	0.6559	0.4872	0.6625
常州市	0.8097	0.7929	0.8013	0.5525	0.7499	0.4019	0.6281	0.7020	0.8295	0.7211	0.6989
苏州市	0.8097	0.7929	0.4711	0.6113	0.7525	0.3454	0.5992	0.6993	0.8697	0.8133	0.6764
南通市	0.8097	0.7929	0.4517	0.6277	0.7960	0.6410	0.6183	0.6231	0.7440	0.6185	0.6723
连云港市	0.8097	0.7929	0.4414	0.6386	0.7855	0.7497	0.5527	0.6676	0.6761	0.4689	0.6583
淮安市	0.8097	0.7929	0.5566	0.6092	0.7782	0.7224	0.5763	0.6323	0.6516	0.5059	0.6635
盐城市	0.8097	0.7929	0.5566	0.6684	0.7697	0.7447	0.5802	0.6246	0.6682	0.4729	0.6688
扬州市	0.8097	0.7929	0.7083	0.6570	0.7777	0.6522	0.6186	0.6468	0.7576	0.5826	0.7003
镇江市	0.8097	0.7929	0.7033	0.5604	0.7188	0.4987	0.6240	0.6738	0.7944	0.6925	0.6868
泰州市	0.8097	0.7929	0.5902	0.6105	0.7898	0.7054	0.5870	0.6520	0.7149	0.6244	0.6877

续表

城市名	能耗	排放	碳浓度	空气质量	经济产业	资源环境	土地利用	交通运输	通信信息	健康安全	总分
宿迁市	0.8097	0.7929	0.4034	0.6306	0.7828	0.7381	0.6229	0.6095	0.6361	0.4093	0.6435
杭州市	0.8030	0.7901	0.6474	0.6566	0.7104	0.4610	0.6476	0.7915	0.8987	0.8384	0.7245
宁波市	0.8030	0.7901	0.5724	0.7666	0.7046	0.4282	0.6082	0.8043	0.8943	0.7885	0.7160
温州市	0.8030	0.7901	0.7969	0.8011	0.7324	0.7309	0.6462	0.7177	0.8481	0.6108	0.7477
嘉兴市	0.8030	0.7901	0.7898	0.6479	0.6986	0.5390	0.6429	0.7434	0.8827	0.7726	0.7310
湖州市	0.8030	0.7901	0.7727	0.6054	0.6756	0.6281	0.6237	0.6771	0.8472	0.7189	0.7142
绍兴市	0.8030	0.7901	0.7025	0.7225	0.6991	0.5230	0.6078	0.6645	0.8559	0.7416	0.7110
金华市	0.8030	0.7901	0.5864	0.7109	0.7060	0.7618	0.5919	0.6456	0.8698	0.6624	0.7128
衢州市	0.8030	0.7901	0.6105	0.8029	0.6617	0.6917	0.5892	0.6195	0.7414	0.5954	0.6905
舟山市	0.8030	0.7901	0.7558	0.8157	0.6111	0.5453	0.6527	0.7880	0.8753	0.8080	0.7445
台州市	0.8030	0.7901	0.7969	0.8023	0.7251	0.6721	0.6255	0.6733	0.8249	0.5980	0.7311
丽水市	0.8030	0.7901	0.7121	0.8194	0.6466	0.7950	0.5890	0.6307	0.7636	0.5735	0.7123
合肥市	0.7480	0.7568	0.6555	0.6033	0.7200	0.6857	0.6363	0.7346	0.5968	0.6582	0.6795
芜湖市	0.7480	0.7568	0.4017	0.7389	0.6774	0.6127	0.6194	0.7215	0.5464	0.5208	0.6343
蚌埠市	0.7480	0.7568	0.6173	0.6943	0.7001	0.7514	0.6091	0.7630	0.4896	0.5330	0.6662
淮南市	0.7480	0.7568	0.8146	0.7724	0.6997	0.5035	0.6077	0.7185	0.5252	0.6406	0.6787
马鞍山市	0.7480	0.7568	0.7789	0.6848	0.6448	0.4538	0.6539	0.7251	0.5576	0.6023	0.6606
淮北市	0.7480	0.7568	0.4380	0.6302	0.6752	0.6031	0.6421	0.7140	0.5201	0.5856	0.6313
铜陵市	0.7480	0.7568	0.4935	0.7296	0.5551	0.2968	0.6448	0.7825	0.6144	0.7706	0.6392
安庆市	0.7480	0.7568	0.7055	0.7738	0.6845	0.7506	0.6003	0.6520	0.4748	0.4201	0.6566
黄山市	0.7480	0.7568	0.5928	0.8412	0.6470	0.7813	0.6317	0.6404	0.5643	0.5445	0.6748
滁州市	0.7480	0.7568	0.6447	0.6956	0.6522	0.7805	0.5495	0.6395	0.4883	0.4118	0.6367
阜阳市	0.7480	0.7568	0.6437	0.7654	0.7296	0.7965	0.5849	0.6471	0.4744	0.3673	0.6514
宿州市	0.7480	0.7568	0.4620	0.6992	0.7121	0.7865	0.5762	0.6098	0.4440	0.4129	0.6207
巢湖市	0.7480	0.7568	0.8896	0.8896	0.5521	0.8150	0.3765	0.5398	0.3752	0.2575	0.6200
六安市	0.7480	0.7568	0.5846	0.7655	0.6834	0.8013	0.5862	0.6685	0.4420	0.4063	0.6443
亳州市	0.7480	0.7568	0.5376	0.7199	0.7239	0.7985	0.5814	0.5851	0.4309	0.3403	0.6222
池州市	0.7480	0.7568	0.5802	0.8270	0.6478	0.7720	0.5766	0.6614	0.5039	0.4329	0.6506
宣城市	0.7480	0.7568	0.6414	0.7720	0.6463	0.7725	0.5007	0.6869	0.5169	0.4538	0.6495
福州市	0.8113	0.7798	0.5756	0.8424	0.6946	0.7179	0.6303	0.7357	0.8140	0.6708	0.7272
厦门市	0.8113	0.7798	0.5018	0.8525	0.6240	0.3665	0.6655	0.7990	0.8861	0.8195	0.7106
莆田市	0.8113	0.7798	0.7713	0.8458	0.6914	0.7812	0.6368	0.5794	0.7441	0.4540	0.7095

城市名	能耗	排放	碳浓度	空气质量	经济产业	资源环境	土地利用	交通运输	通信信息	健康安全	总分
三明市	0.8113	0.7798	0.7123	0.8489	0.5934	0.8075	0.5965	0.6638	0.7236	0.5563	0.7093
泉州市	0.8113	0.7798	0.7504	0.8479	0.6824	0.6775	0.6190	0.6381	0.8179	0.5112	0.7136
漳州市	0.8113	0.7798	0.6123	0.8464	0.6627	0.7500	0.6552	0.5974	0.7495	0.4756	0.6940
南平市	0.8113	0.7798	0.7890	0.8478	0.6086	0.8238	0.5947	0.6127	0.6941	0.5532	0.7115
龙岩市	0.8113	0.7798	0.5836	0.8530	0.6085	0.8081	0.6087	0.6464	0.7004	0.5577	0.6958
宁德市	0.8113	0.7798	0.7820	0.8430	0.6205	0.8297	0.5888	0.6231	0.7072	0.4306	0.7016
南昌市	0.8144	0.7770	0.7893	0.7994	0.6644	0.6445	0.6855	0.6950	0.6234	0.6411	0.7134
景德镇市	0.8144	0.7770	0.6388	0.8193	0.5792	0.7286	0.6687	0.6234	0.5132	0.6356	0.6798
萍乡市	0.8144	0.7770	0.7859	0.7388	0.6206	0.6201	0.6322	0.6443	0.5006	0.6184	0.6752
九江市	0.8144	0.7770	0.7276	0.7673	0.6098	0.8246	0.6278	0.6318	0.4947	0.4881	0.6763
新余市	0.8144	0.7770	0.4816	0.8314	0.5273	0.5263	0.6468	0.6592	0.5393	0.6372	0.6441
鹰潭市	0.8144	0.7770	0.5876	0.8077	0.5271	0.8198	0.6593	0.7024	0.4958	0.4805	0.6672
赣州市	0.8144	0.7770	0.7105	0.8350	0.6144	0.8536	0.5834	0.6240	0.4730	0.4234	0.6709
吉安市	0.8144	0.7770	0.7318	0.8335	0.5871	0.8600	0.6132	0.6090	0.4517	0.4428	0.6721
宜春市	0.8144	0.7770	0.7493	0.8401	0.5972	0.8378	0.6222	0.6214	0.4409	0.4721	0.6773
抚州市	0.8144	0.7770	0.7859	0.8248	0.5860	0.8457	0.6277	0.5792	0.4415	0.4206	0.6703
上饶市	0.8144	0.7770	0.7287	0.8281	0.6222	0.8578	0.6046	0.5907	0.4452	0.4236	0.6692
济南市	0.7587	0.7436	0.4581	0.2368	0.7386	0.4796	0.5601	0.6688	0.7136	0.7592	0.6117
青岛市	0.7587	0.7436	0.7211	0.6983	0.7285	0.5784	0.6168	0.7425	0.7144	0.7482	0.7051
淄博市	0.7587	0.7436	0.4530	0.2639	0.7006	0.2800	0.5892	0.7285	0.6557	0.8002	0.5974
枣庄市	0.7587	0.7436	0.4022	0.2579	0.7122	0.5225	0.5406	0.6511	0.6250	0.5261	0.5740
东营市	0.7587	0.7436	0.5272	0.3085	0.4962	0.4769	0.5262	0.6454	0.7052	0.7381	0.5926
烟台市	0.7587	0.7436	0.7870	0.7665	0.6932	0.6529	0.5309	0.7249	0.6697	0.7246	0.7052
潍坊市	0.7587	0.7436	0.5780	0.3972	0.7088	0.5986	0.5609	0.6231	0.6598	0.6166	0.6245
济宁市	0.7587	0.7436	0.4563	0.3132	0.7203	0.5633	0.5599	0.5957	0.5392	0.5695	0.5820
泰安市	0.7587	0.7436	0.4630	0.4307	0.7229	0.6277	0.5465	0.6056	0.5940	0.6264	0.6119
威海市	0.7587	0.7436	0.6703	0.7812	0.6335	0.6611	0.5303	0.7021	0.6879	0.7599	0.6929
日照市	0.7587	0.7436	0.5490	0.5570	0.6964	0.4578	0.5635	0.6720	0.5950	0.5308	0.6124
莱芜市	0.7587	0.7436	0.4417	0.2829	0.6278	0.3654	0.5711	0.6748	0.6162	0.7339	0.5816
临沂市	0.7587	0.7436	0.4417	0.2752	0.7246	0.6588	0.5766	0.6207	0.5524	0.6197	0.5972
德州市	0.7587	0.7436	0.4741	0.1856	0.7034	0.6563	0.5369	0.6384	0.5417	0.4649	0.5704
聊城市	0.7587	0.7436	0.4587	0.2117	0.7066	0.6730	0.5451	0.5899	0.5292	0.5104	0.5727

续表

城市名	能耗	排放	碳浓度	空气质量	经济产业	资源环境	土地利用	交通运输	通信信息	健康安全	总分
滨州市	0.7587	0.7436	0.5132	0.3476	0.6821	0.5993	0.5827	0.6003	0.5972	0.5690	0.5994
菏泽市	0.7587	0.7436	0.6816	0.2224	0.7110	0.6808	0.5566	0.5831	0.5081	0.4620	0.5908
郑州市	0.7563	0.7289	0.7687	0.2147	0.6765	0.4820	0.5704	0.7390	0.6683	0.6818	0.6287
开封市	0.7563	0.7289	0.7628	0.3964	0.6557	0.6677	0.5779	0.6239	0.4908	0.4607	0.6121
洛阳市	0.7563	0.7289	0.7838	0.4427	0.6255	0.6351	0.5572	0.6970	0.5867	0.5733	0.6387
平顶山市	0.7563	0.7289	0.6886	0.2591	0.6335	0.5650	0.5771	0.6805	0.4942	0.5560	0.5939
安阳市	0.7563	0.7289	0.5923	0.2543	0.6404	0.5482	0.5529	0.6418	0.5209	0.5056	0.5742
鹤壁市	0.7563	0.7289	0.8158	0.4547	0.5556	0.5402	0.5716	0.6690	0.5451	0.4886	0.6126
新乡市	0.7563	0.7289	0.6838	0.2386	0.6374	0.6675	0.5909	0.6490	0.5402	0.6638	0.6156
焦作市	0.7563	0.7289	0.7787	0.2822	0.6131	0.4668	0.5540	0.6652	0.5456	0.5296	0.5920
濮阳市	0.7563	0.7289	0.6950	0.3322	0.6142	0.6657	0.5780	0.6239	0.5027	0.4388	0.5936
许昌市	0.7563	0.7289	0.7869	0.3234	0.6194	0.6756	0.5377	0.6557	0.4980	0.4589	0.6041
漯河市	0.7563	0.7289	0.7333	0.4061	0.6102	0.6544	0.5718	0.6411	0.4862	0.5465	0.6135
三门峡市	0.7563	0.7289	0.8134	0.3664	0.5154	0.6808	0.5624	0.6983	0.5846	0.5784	0.6285
南阳市	0.7563	0.7289	0.5569	0.4990	0.6183	0.7542	0.5200	0.6008	0.4633	0.4449	0.5943
商丘市	0.7563	0.7289	0.7263	0.4549	0.6448	0.7202	0.5588	0.6309	0.4726	0.4173	0.6111
信阳市	0.7563	0.7289	0.7188	0.4737	0.6332	0.7598	0.5385	0.6195	0.4586	0.3884	0.6075
周口市	0.7563	0.7289	0.6857	0.3348	0.6298	0.7515	0.6011	0.6090	0.4520	0.3843	0.5933
驻马店市	0.7563	0.7289	0.6197	0.4426	0.6292	0.7539	0.5419	0.6224	0.4541	0.3932	0.5942
武汉市	0.8084	0.7500	0.7789	0.4480	0.8025	0.4191	0.6305	0.7863	0.7254	0.7926	0.6942
黄石市	0.8084	0.7500	0.7418	0.6227	0.7370	0.5719	0.6534	0.6629	0.5712	0.6421	0.6762
十堰市	0.8084	0.7500	0.6163	0.7585	0.7062	0.7888	0.6233	0.6532	0.5590	0.5509	0.6814
宜昌市	0.8084	0.7500	0.6303	0.4711	0.6705	0.7536	0.5998	0.7158	0.5891	0.6500	0.6638
襄阳市	0.8084	0.7500	0.6260	0.3232	0.7052	0.7752	0.6004	0.6333	0.5214	0.5347	0.6278
鄂州市	0.8084	0.7500	0.6260	0.5319	0.6500	0.4283	0.6104	0.6213	0.5820	0.7192	0.6327
荆门市	0.8084	0.7500	0.5179	0.4384	0.6930	0.7422	0.6054	0.6658	0.5280	0.6238	0.6373
孝感市	0.8084	0.7500	0.6882	0.4849	0.7592	0.7868	0.6123	0.6336	0.5004	0.4967	0.6520
荆州市	0.8084	0.7500	0.6767	0.5297	0.7491	0.7853	0.5531	0.6417	0.5105	0.4626	0.6467
黄冈市	0.8084	0.7500	0.7534	0.6411	0.7550	0.8120	0.5690	0.5708	0.4841	0.4558	0.6600
咸宁市	0.8084	0.7500	0.7440	0.6635	0.7172	0.7990	0.6186	0.5910	0.5250	0.4758	0.6692
随州市	0.8084	0.7500	0.5471	0.5899	0.7111	0.8029	0.6752	0.6107	0.5466	0.4123	0.6454
长沙市	0.8175	0.7599	0.5105	0.6412	0.6710	0.6794	0.6291	0.7304	0.6681	0.7588	0.6866

续表

城市名	能耗	排放	碳浓度	空气质量	经济产业	资源环境	土地利用	交通运输	通信信息	健康安全	总分
株洲市	0.8175	0.7599	0.5105	0.7450	0.6234	0.7793	0.6380	0.6933	0.5636	0.5442	0.6675
湘潭市	0.8175	0.7599	0.5631	0.7418	0.6486	0.6796	0.6524	0.6591	0.5419	0.5922	0.6656
衡阳市	0.8175	0.7599	0.5679	0.7524	0.6746	0.8096	0.6265	0.6350	0.4731	0.4753	0.6592
邵阳市	0.8175	0.7599	0.5650	0.7378	0.6618	0.8426	0.6330	0.6030	0.4537	0.4436	0.6518
岳阳市	0.8175	0.7599	0.6902	0.7562	0.6408	0.7925	0.6002	0.7007	0.4998	0.4879	0.6746
常德市	0.8175	0.7599	0.4334	0.7613	0.6446	0.8272	0.6243	0.6164	0.4809	0.4408	0.6406
张家界市	0.8175	0.7599	0.5887	0.7600	0.6484	0.8336	0.5571	0.6171	0.5037	0.4796	0.6566
益阳市	0.8175	0.7599	0.6284	0.7669	0.6539	0.8183	0.6173	0.6173	0.4661	0.4416	0.6587
郴州市	0.8175	0.7599	0.5953	0.7996	0.6161	0.8277	0.5590	0.6910	0.4908	0.5095	0.6666
永州市	0.8175	0.7599	0.5523	0.7845	0.6413	0.8386	0.5948	0.6397	0.4384	0.4676	0.6535
怀化市	0.8175	0.7599	0.4449	0.7733	0.6294	0.8432	0.5611	0.6603	0.4748	0.4631	0.6427
娄底市	0.8175	0.7599	0.4074	0.7500	0.6564	0.7522	0.6197	0.6403	0.4780	0.4252	0.6307
广州市	0.8241	0.7992	0.6870	0.8068	0.7948	0.3759	0.6881	0.8316	0.9231	0.8320	0.7563
韶关市	0.8241	0.7992	0.7385	0.8365	0.6990	0.7713	0.5729	0.6878	0.7387	0.5404	0.7208
深圳市	0.8241	0.7992	0.6784	0.8446	0.6750	0.3711	0.6055	0.7697	0.9311	0.8494	0.7348
珠海市	0.8241	0.7992	0.7241	0.8304	0.6397	0.3151	0.6317	0.7293	0.9193	0.8541	0.7267
汕头市	0.8241	0.7992	0.6151	0.8349	0.7889	0.6829	0.6156	0.5804	0.7990	0.4683	0.7008
佛山市	0.8241	0.7992	0.7253	0.8086	0.6671	0.2247	0.6215	0.7678	0.9211	0.8285	0.7188
江门市	0.8241	0.7992	0.4983	0.8270	0.7324	0.6546	0.6423	0.6595	0.8368	0.4116	0.6886
湛江市	0.8241	0.7992	0.7894	0.8402	0.7585	0.7959	0.5826	0.6361	0.6919	0.4597	0.7177
茂名市	0.8241	0.7992	0.5469	0.8375	0.7637	0.7995	0.6107	0.5759	0.6501	0.5348	0.6942
肇庆市	0.8241	0.7992	0.7727	0.8105	0.7037	0.7788	0.5504	0.6215	0.7834	0.5180	0.7162
惠州市	0.8241	0.7992	0.5241	0.8458	0.6845	0.5924	0.5284	0.7481	0.8678	0.7593	0.7174
梅州市	0.8241	0.7992	0.6106	0.8433	0.7266	0.8059	0.5596	0.5736	0.6527	0.4667	0.6862
汕尾市	0.8241	0.7992	0.5965	0.8421	0.7589	0.8014	0.5608	0.5997	0.6491	0.3948	0.6827
河源市	0.8241	0.7992	0.7188	0.8411	0.6997	0.8079	0.5683	0.6084	0.6533	0.4548	0.6976
阳江市	0.8241	0.7992	0.7616	0.8327	0.6970	0.7449	0.6108	0.5953	0.6940	0.4698	0.7029
清远市	0.8241	0.7992	0.6894	0.8317	0.7074	0.7738	0.5282	0.6310	0.6966	0.4942	0.6976
东莞市	0.8241	0.7992	0.7563	0.8029	0.6544	0.2424	0.6569	0.6916	0.9311	0.8906	0.7249
中山市	0.8241	0.7992	0.5898	0.8290	0.6456	0.3440	0.5931	0.7770	0.9239	0.8393	0.7165
潮州市	0.8241	0.7992	0.6938	0.8078	0.7586	0.6513	0.6022	0.5883	0.7530	0.4898	0.6968
揭阳市	0.8241	0.7992	0.5035	0.8300	0.7441	0.7559	0.5522	0.5569	0.6588	0.3928	0.6617

续表

城市名	能耗	排放	碳浓度	空气质量	经济产业	资源环境	土地利用	交通运输	通信信息	健康安全	总分
云浮市	0.8241	0.7992	0.4021	0.8397	0.7144	0.8018	0.4757	0.6214	0.6854	0.4254	0.6589
南宁市	0.7970	0.7462	0.5432	0.8140	0.6281	0.7504	0.6989	0.6896	0.5830	0.5606	0.6811
柳州市	0.7970	0.7462	0.5875	0.7840	0.5501	0.7160	0.6640	0.6648	0.5504	0.6696	0.6730
桂林市	0.7970	0.7462	0.4022	0.7697	0.5793	0.8429	0.6919	0.6720	0.5056	0.4785	0.6485
梧州市	0.7970	0.7462	0.5703	0.8313	0.5502	0.8453	0.6576	0.6280	0.4709	0.4589	0.6556
北海市	0.7970	0.7462	0.7141	0.8369	0.5930	0.7764	0.6515	0.5990	0.5523	0.4750	0.6741
防城港市	0.7970	0.7462	0.7557	0.8451	0.4537	0.7555	0.6130	0.6358	0.5522	0.5174	0.6672
钦州市	0.7970	0.7462	0.5901	0.8310	0.6025	0.8464	0.6183	0.6067	0.4462	0.3997	0.6484
贵港市	0.7970	0.7462	0.5253	0.8078	0.6451	0.7931	0.5907	0.5914	0.4402	0.3937	0.6331
玉林市	0.7970	0.7462	0.6231	0.8086	0.6438	0.8511	0.6694	0.5635	0.4490	0.3967	0.6548
百色市	0.7970	0.7462	0.7578	0.8199	0.5491	0.8432	0.6023	0.5974	0.4563	0.4219	0.6591
贺州市	0.7970	0.7462	0.4990	0.8243	0.5718	0.8363	0.6312	0.5458	0.4469	0.4127	0.6311
河池市	0.7970	0.7462	0.5799	0.8051	0.5862	0.8464	0.5734	0.5777	0.4476	0.4157	0.6375
来宾市	0.7970	0.7462	0.6221	0.8114	0.5694	0.8094	0.6195	0.5681	0.4477	0.4153	0.6406
崇左市	0.7970	0.7462	0.7900	0.8116	0.5639	0.8581	0.5886	0.5492	0.4539	0.4232	0.6582
海口市	0.8058	0.7748	0.5022	0.8569	0.6815	0.5717	0.6360	0.7830	0.7726	0.7209	0.7105
三亚市	0.8058	0.7748	0.6536	0.8604	0.5649	0.5813	0.5745	0.7664	0.7417	0.5848	0.6908
三沙市	0.8058	0.7748	0.8896	0.8896	0.4858	0.7956	0.5620	0.4588	0.4670	0.8074	0.6937
重庆市	0.8088	0.7478	0.6275	0.7383	0.7567	0.7454	0.6189	0.6843	0.6038	0.6045	0.6936
成都市	0.7789	0.7130	0.4601	0.4664	0.7386	0.6730	0.7124	0.7263	0.7027	0.8217	0.6793
自贡市	0.7789	0.7130	0.7357	0.4142	0.6786	0.8074	0.6844	0.5954	0.5092	0.5602	0.6477
攀枝花市	0.7789	0.7130	0.7828	0.8410	0.4696	0.4377	0.6345	0.7247	0.6646	0.7946	0.6841
泸州市	0.7789	0.7130	0.7774	0.6831	0.6505	0.8000	0.6480	0.6094	0.5019	0.5421	0.6704
德阳市	0.7789	0.7130	0.4028	0.7158	0.6669	0.7762	0.6922	0.5946	0.5498	0.6840	0.6574
绵阳市	0.7789	0.7130	0.7947	0.7848	0.6400	0.8218	0.6747	0.6012	0.5510	0.5937	0.6954
广元市	0.7789	0.7130	0.7826	0.8297	0.6328	0.8399	0.6406	0.6015	0.5193	0.5801	0.6918
遂宁市	0.7789	0.7130	0.6973	0.7635	0.6767	0.8478	0.6917	0.5146	0.4768	0.4971	0.6657
内江市	0.7789	0.7130	0.6899	0.6389	0.6652	0.7485	0.6524	0.5786	0.4764	0.5111	0.6453
乐山市	0.7789	0.7130	0.4115	0.7246	0.6195	0.8007	0.6298	0.5804	0.5593	0.6666	0.6484
南充市	0.7789	0.7130	0.3994	0.7087	0.6697	0.8490	0.6515	0.5554	0.4858	0.4708	0.6282
眉山市	0.7789	0.7130	0.4903	0.5904	0.6571	0.8216	0.6505	0.5410	0.5076	0.4925	0.6243
宜宾市	0.7789	0.7130	0.6591	0.6695	0.6451	0.7988	0.6537	0.5752	0.4981	0.4918	0.6483

城市名	能耗	排放	碳浓度	空气质量	经济产业	资源环境	土地利用	交通运输	通信信息	健康安全	总分
广安市	0.7789	0.7130	0.6591	0.7217	0.6882	0.7766	0.6548	0.5355	0.4665	0.3780	0.6372
达州市	0.7789	0.7130	0.4662	0.5781	0.6495	0.8531	0.6722	0.5955	0.4754	0.4261	0.6208
雅安市	0.7789	0.7130	0.7305	0.8328	0.5866	0.8363	0.6347	0.5388	0.5448	0.6752	0.6872
巴中市	0.7789	0.7130	0.6900	0.8107	0.6600	0.8573	0.6477	0.5434	0.4701	0.4365	0.6607
资阳市	0.7789	0.7130	0.6914	0.7749	0.6618	0.8558	0.6462	0.5224	0.4654	0.5037	0.6613
贵阳市	0.4385	0.4521	0.6390	0.8322	0.6461	0.5551	0.6191	0.7388	0.6805	0.7938	0.6395
六盘水市	0.4385	0.4521	0.7609	0.8210	0.5971	0.6633	0.5897	0.7339	0.4909	0.5159	0.6063
遵义市	0.4385	0.4521	0.6235	0.8231	0.5955	0.7985	0.6113	0.6514	0.4796	0.4697	0.5943
安顺市	0.4385	0.4521	0.4331	0.8372	0.6141	0.7496	0.5752	0.6248	0.4625	0.4254	0.5612
毕节市	0.4385	0.4521	0.6095	0.8412	0.6059	0.7790	0.5973	0.5359	0.5000	0.4078	0.5767
铜仁市	0.4385	0.4521	0.4032	0.8404	0.6016	0.8030	0.5075	0.5675	0.4459	0.4032	0.5463
昆明市	0.6759	0.6214	0.7916	0.8454	0.6227	0.6654	0.6589	0.6661	0.6773	0.7504	0.6975
曲靖市	0.6759	0.6214	0.7892	0.8434	0.5767	0.7885	0.6827	0.5254	0.5071	0.4435	0.6454
玉溪市	0.6759	0.6214	0.7827	0.8569	0.5322	0.7780	0.6537	0.4596	0.5170	0.5217	0.6399
保山市	0.6759	0.6214	0.7651	0.8383	0.5911	0.8097	0.6405	0.4276	0.4528	0.4539	0.6276
昭通市	0.6759	0.6214	0.7084	0.8336	0.5877	0.8160	0.6116	0.4360	0.4354	0.4668	0.6193
丽江市	0.6759	0.6214	0.7772	0.8600	0.5753	0.8113	0.7173	0.5682	0.4878	0.4944	0.6589
普洱市	0.6759	0.6214	0.7431	0.8482	0.5651	0.8180	0.6729	0.4607	0.4923	0.4201	0.6318
临沧市	0.6759	0.6214	0.7546	0.8491	0.5519	0.8152	0.6791	0.4238	0.4732	0.4472	0.6291
拉萨市	0.8805	0.8896	0.7836	0.8318	0.4356	0.7900	0.6059	0.3760	0.6452	0.5800	0.6818
西安市	0.5663	0.7365	0.5919	0.5331	0.8061	0.5817	0.7004	0.6685	0.7422	0.7548	0.6681
铜川市	0.5663	0.7365	0.6775	0.6074	0.5865	0.5511	0.6390	0.5449	0.5546	0.7237	0.6187
宝鸡市	0.5663	0.7365	0.7735	0.6775	0.6703	0.7519	0.6375	0.5767	0.5686	0.5616	0.6520
咸阳市	0.5663	0.7365	0.5200	0.5179	0.7298	0.7337	0.6700	0.5541	0.5412	0.5625	0.6132
渭南市	0.5663	0.7365	0.7632	0.5769	0.7380	0.7126	0.6262	0.4869	0.5290	0.5161	0.6252
延安市	0.5663	0.7365	0.7788	0.7431	0.5953	0.7688	0.6304	0.6455	0.5537	0.6874	0.6706
汉中市	0.5663	0.7365	0.6934	0.6390	0.7022	0.7755	0.6584	0.5320	0.5281	0.5520	0.6383
榆林市	0.5663	0.7365	0.7932	0.7713	0.6341	0.7199	0.5490	0.5927	0.6042	0.5237	0.6491
安康市	0.5663	0.7365	0.4018	0.7187	0.6896	0.7754	0.6347	0.5112	0.5216	0.4755	0.6031
商洛市	0.5663	0.7365	0.7873	0.7767	0.6901	0.7782	0.5739	0.4786	0.5147	0.6328	0.6535
兰州市	0.5240	0.4207	0.7236	0.6776	0.6924	0.4774	0.6975	0.4953	0.6618	0.6409	0.6011
嘉峪关市	0.5240	0.4207	0.7442	0.7418	0.4788	0.2904	0.6495	0.5054	0.7356	0.8147	0.5905

城市名	能耗	排放	碳浓度	空气质量	经济产业	资源环境	土地利用	交通运输	通信信息	健康安全	总分
金昌市	0.5240	0.4207	0.7929	0.7597	0.4704	0.6106	0.6311	0.4613	0.5955	0.6071	0.5873
白银市	0.5240	0.4207	0.7822	0.7076	0.6310	0.5908	0.6399	0.5022	0.5542	0.5106	0.5863
天水市	0.5240	0.4207	0.7795	0.7623	0.6895	0.7210	0.6357	0.3815	0.4830	0.4340	0.5831
武威市	0.5240	0.4207	0.7944	0.7491	0.6322	0.7110	0.6569	0.3848	0.5029	0.5117	0.5888
张掖市	0.5240	0.4207	0.7931	0.7397	0.6420	0.7127	0.6415	0.4124	0.5638	0.5156	0.5966
平凉市	0.5240	0.4207	0.7646	0.7416	0.6602	0.6981	0.6189	0.4106	0.4960	0.4698	0.5804
酒泉市	0.5240	0.4207	0.7750	0.7339	0.5478	0.6843	0.6877	0.4740	0.5879	0.5623	0.5998
庆阳市	0.5240	0.4207	0.7636	0.7856	0.6188	0.7233	0.6188	0.4106	0.4879	0.4289	0.5782
定西市	0.5240	0.4207	0.7714	0.7889	0.6739	0.7261	0.6443	0.3594	0.4796	0.4254	0.5814
陇南市	0.5240	0.4207	0.7327	0.8131	0.6690	0.7251	0.5609	0.3512	0.4557	0.4689	0.5721
西宁市	0.3927	0.1766	0.6018	0.7715	0.6907	0.5310	0.7057	0.4710	0.7224	0.5893	0.5653
海东市	0.3927	0.1766	0.6022	0.7142	0.6477	0.7817	0.4896	0.3542	0.5388	0.4291	0.5127
银川市	0.0841	0.1617	0.6789	0.6607	0.5410	0.4674	0.6998	0.5593	0.7513	0.7778	0.5382
石嘴山市	0.0841	0.1617	0.6591	0.5594	0.4622	0.2882	0.6534	0.5002	0.6616	0.7463	0.4776
吴忠市	0.0841	0.1617	0.7875	0.6980	0.5688	0.6295	0.6908	0.5156	0.5595	0.5287	0.5224
固原市	0.0841	0.1617	0.7513	0.7988	0.6221	0.6531	0.6496	0.4385	0.5072	0.4612	0.5128
中卫市	0.0841	0.1617	0.7648	0.6732	0.5902	0.4878	0.6887	0.4634	0.5563	0.4574	0.4928
乌鲁木齐市	0.2082	0.2092	0.7793	0.4283	0.5856	0.4440	0.7329	0.5951	0.7249	0.8376	0.5545
克拉玛依市	0.2082	0.2092	0.7841	0.8221	0.3899	0.4046	0.7316	0.4780	0.7126	0.7844	0.5525

一、中国智慧低碳健康城市综合指数评估情况

中国智慧低碳健康城市指数的综合指数情况，以东南沿海地区，东北三省地区的表现较好。其中具有数据的省、自治区、直辖市中，北京、上海、重庆、天津、广东、福建、浙江、江苏的表现最佳，黑龙江、吉林、辽宁、江西的表现次之。相对指数显示结果较低值的区域，是山西、陕西、河北和内蒙古等地区。新疆、西藏、青海、香港、澳门和台湾等区域的数值为空。

二、中国智慧低碳健康城市能耗指数评估情况

中国智慧低碳健康城市指数的能耗指数得分情况，因为主要的数据源为省级数

据，因此，呈现单个省得分趋同的特征，其中南部区域特别是长江以南不采用集中供暖的区域能耗指数得分较高。其中具有数据的省份中，北京、上海、重庆、海南、广东、福建、湖南、江西、湖北的表现最佳，江苏、浙江、广西的表现次之。相对指数结果较低值的区域，是山西和内蒙古等地区。新疆、西藏、青海、香港、澳门和台湾等区域的数值为空。

三、中国智慧低碳健康城市排放指数评估情况

中国智慧低碳健康城市指数的排放指数得分情况，因为主要的数据源为省级数据，因此，呈现单个省得分趋同的特征，且与能耗得分情况呈现部分类似的特征。其中南部区域特别是长江以南不采用集中供暖的区域排放指数得分较高。其中具有数据的省份中，北京、天津、上海、海南、广东、福建、江苏、浙江的表现最佳，重庆、江西、湖南、湖北的表现次之。相对指数显示结果较低值的区域，是贵州、云南、甘肃和内蒙古等人口相对稀疏的地区。新疆、西藏、青海、香港、澳门和台湾等区域的数值为空。

四、中国智慧低碳健康城市碳浓度指数评估情况

中国智慧低碳健康城市指数的碳浓度指数得分情况，呈现一个比较离散的状态，相对碳浓度得分较高的区域集中在华北、东北和西北部区域，特别是人口密度较低，开发程度较低的一些区域。其中具有数据的省份中，内蒙古、陕西、山西、黑龙江的表现较好。一些港口城市的碳浓度得分相对较高，如浙江的东南沿海地区、福建的北部区域、广东的西南部地区、广西的西南部地区、山东的东北部地区和辽宁的南部地区等。相对内陆区域但人口和开发程度较强的地区呈现该项指标得分较弱的趋势。新疆、西藏、青海、香港、澳门和台湾等区域的数值为空。

五、中国智慧低碳健康城市空气质量指数评估情况

中国智慧低碳健康城市指数的空气质量指数得分情况，呈现较为明显的三层结构，最佳的区域为南部省份包括海南、广东、福建、江西、云南和贵州等，以及北部省份包括黑龙江和内蒙古等人口相对稀疏的地区。而得分较低的集中在河北、山

东、河南和湖北等区域。新疆、西藏、青海、香港、澳门和台湾等区域的数值为空。

六、中国智慧低碳健康城市经济产业指数评估情况

中国智慧低碳健康城市指数的经济产业指数得分情况，经济产业的低碳化与产业结构密切相关。总体上呈现较为明显的省级差异，从整体的区域分布来看，沿海沿江区域的得分较高。其中具有数据的省份中，北京、天津、上海、重庆、广东、江苏、山东表现较好，浙江、湖北、陕西、辽宁和黑龙江等部分城市的表现较好。新疆、西藏、青海、香港、澳门和台湾等区域的数值为空。

七、中国智慧低碳健康城市资源环境指数评估情况

中国智慧低碳健康城市指数的资源环境指数得分情况，呈现较为明显的南北差异，从整体的区域分布来看，南部区域的得分较高，而北部的区域较低，其中具有数据的省份中，江西、湖南、四川、广西的表现较好，福建、云南、安徽、湖北和贵州等部分城市的表现较好。该指标得分与各个城市的用电、用水和用能等综合指数直接相关。新疆、西藏、青海、香港、澳门和台湾等区域的数值为空。

八、中国智慧低碳健康城市土地利用指数评估情况

中国智慧低碳健康城市指数的土地利用指数得分情况，呈现较为离散的状态，相对来说，人口密度较高的区域、绿地占总人口比例较低的区域的表现较弱，而人口较稀疏、具有比较好的绿地资源的区域表现较强。其中具有数据的省份中，黑龙江、内蒙古、甘肃、云南的表现较好。新疆、西藏、青海、香港、澳门和台湾等区域的数值为空。

九、中国智慧低碳健康城市交通运输指数评估情况

中国智慧低碳健康城市指数的交通运输指数得分情况，呈现一个相对在主要国省高速公路、铁路网聚集的状态，相对来说，贯通南北的哈尔滨—北京—广东、上海—南京—西安和成都—重庆—武汉—长沙等沿线区域的表现较好，同时海运相对

较为发达的海南、广东、福建、浙江、上海、江苏、山东和辽宁等沿海城市的表现也较强。新疆、西藏、青海、香港、澳门和台湾等区域的数值为空。

十、中国智慧低碳健康城市通信信息指数评估情况

中国智慧低碳健康城市指数的通信信息指数得分情况，呈现较为明显的东部沿海地区较高的特征。具有数据的省份中，北京、天津、上海、重庆、海南、广东、福建、浙江、江苏、山东、辽宁的表现较好，并呈现向内陆地区逐渐梯度弱化的趋势。新疆、西藏、青海、香港、澳门和台湾等区域的数值为空。

十一、中国智慧低碳健康城市健康安全指数评估情况

中国智慧低碳健康城市指数的健康安全指数得分情况，呈现较为明显的向等级较高城市集中的特征。在各个省域层面呈现比较离散的状态，但直辖市、省会城市、副省级城市及经济较发达的京津冀、长三角和珠三角等城市群区域，具有较好的表现。新疆、西藏、青海、香港、澳门和台湾等区域的数值为空。

参 考 文 献

白卫国，庄贵阳，朱守先，等.2013.关于中国城市温室气体清单编制四个关键问题的探讨.气候变化研究进展，9（5）：335-340.

蔡博峰，刘春兰，陈操操，等.2009.城市温室气体清单研究.北京：化学工业出版社.

蔡博峰.2012.中国城市温室气体清单研究.中国人口·资源与环境，22（1）：21-27.

蔡博峰.2014.城市温室气体清单核心问题研究.北京：化学工业出版社.

常征.2012.基于能源利用的碳脉分析.上海：复旦大学博士学位论文.

陈操操，刘春兰，田刚，等.2010.城市温室气体清单评价研究.环境科学，31（11）：2780-2787.

丛建辉，刘学敏，赵雪如.2014.城市碳排放核算的边界界定及其测度方法.中国人口·资源与环境，24（4）：19-26.

付加锋，李艳梅，张兵，等.2014.消费型碳排放核算体系及对中国的影响.北京：中国环境出版社.

高杨.2011.天津市工业碳排放预测与低碳城市建设潜力分析.天津：天津理工大学硕士学位论文.

顾朝林，袁晓辉.2011.中国城市温室气体排放清单编制和方法概述.城市环境与城市生态，24（1）：1-4.

郭运功.2009.特大城市温室气体排放量测算与排放特征分析——以上海为例.上海：华东师范大学硕士学位论文.

国家发展和改革委员会.2010.国家发展改革委关于开展低碳省区和低碳城市试点工作的通知.北京：国家发展和改革委员会.

国家发展和改革委员会.2012.关于开展第二批国家低碳省区和低碳城市试点工作的通知.北京：国家发展和改革委员会.

国家发展和改革委员会.2014.国家发展改革委关于印发国家应对气候变化规划（2014—2020年）的通知.北京：国家发展和改革委员会.

国家发展和改革委员会.2017.国家发展改革委关于开展第三批国家低碳城市试点工作的通知.北京：国家发展和改革委员会.

国家发展和改革委员会应对气候变化司.2004.中华人民共和国气候变化初始国家信息通报.北京：国家发展和改革委员会应对气候变化司.

国家发展和改革委员会应对气候变化司.2013.中华人民共和国气候变化第二次国家信息通报.北京：国家发展和改革委员会应对气候变化司.

国家发展和改革委员会应对气候变化司.2014.2005中国温室气体清单研究.北京：中国环境出版社.

国家发展和改革委员会应对气候变化司.2014.2011年和2012年中国区域电网平均二氧化碳排放因子.北京：国家发展和改革委员会应对气候变化司.

国家发展和改革委员会应对气候变化司.2015.强化应对气候变化行动——中国国家自主贡献（全文）.

北京：国家发展和改革委员会应对气候变化司．

国家环境保护总局．2007．生态县、生态市、生态省建设指标（修订稿）．北京：国家环境保护总局．

国家能源局．2012．新能源示范城市评价指标体系．北京：国家能源局．

国务院．2016．"十三五"控制温室气体排放工作方案．北京：国务院．

国务院办公厅．2014．能源发展战略行动计划（2014—2020 年）．北京：国务院办公厅．

胡倩倩．2012．上海居民消费碳排放需求量的预测与分析．合肥：合肥工业大学硕士学位论文．

环境保护部．2013．国家生态文明先行示范区建设目标体系．北京：环境保护部．

黄蕊，王铮，朱永彬，等．2012．上海、北京和天津的碳排放比较．城市环境和城市生态，24（2）：23-26，30．

黄蕊，朱永彬，王铮．2010．经济平稳增长下的城市能源消费和碳排放高峰预测——以上海市为例．福州：第十二届中国科学技术协会年会．

黄伟光，汪军．2014．中国低碳城市建设报告．北京：科学出版社．

雷红鹏，庄贵阳，张楚．2011．把脉中国低碳城市发展：策略与方法．北京：中国环境科学出版社．

李德仁．2012．论空天地一体化对地观测网络．地球信息科学学报，14（4）：419-425．

李健，王铮，朴胜任．2016．大型工业城市碳排放影响因素分析及趋势预测——基于 PLS-STIRPAT 模型的实证研究．科技管理研究，36（7）：229-234．

李晴，唐立娜，石龙宇．2013．城市温室气体排放清单编制研究进展．生态学报，33（2）：367-373．

李永浮，党安荣．2009．中国大城市土地利用集约性的综合评判．干旱区地理，32（5）：798-805．

梁巧梅，魏一鸣，范英，等．2004．中国能源需求和能源强度预测的情景分析模型及其应用．管理学报，1（1）：62-66，4．

刘佳骏，史丹，汪川．2015．中国碳排放空间相关与空间溢出效应研究．自然资源学报，30（8）：1289-1303．

龙瀛，沈振江，毛其智，等．2010．基于约束性 CA 方法的北京城市形态情景分析．地理学报，65（6）：643-655．

龙瀛，沈振江，毛其智．2011．城市系统微观模拟中的个体数据获取新方法．地理学报，66（3）：416-426．

龙瀛．2016．北京城乡空间发展模型：BUDEM2．现代城市研究，（11）：2-9，27．

陆大道．2013．地理学关于城镇化领域的研究内容框架．地理科学，33（8）：897-901．

马丁，陈文颖．2013．上海市低碳发展状况分析．中国人口·资源与环境，23（8）：26-32．

牛文元．2008．可持续发展理论的基本认知．地理科学进展，27（3）：1-6．

牛文元．2014．智慧城市是新型城镇化的动力标志．中国科学院院刊，29（1）：34-41．

欧阳武，程浩忠，张秀彬，等．2008．考虑分布式电源调峰的配电网规划．电力系统自动化，32（22）：12-15，40．

潘海啸，沈俊逸．2014．城市转型中的节能减排与可持续发展．上海城市管理，23（6）：20-23．

上海市发展和改革委员会．2017．上海市节能和应对气候变化"十三五"规划．上海：上海市发展和改革委员会.

上海市发展和改革委员会.2017.上海市能源发展"十三五"规划.上海:上海市发展和改革委员会.

上海市人民政府.2018.上海市城市总体规划(2017—2035年).上海:上海市人民政府.

沈清基,安超,刘昌寿.2012.低碳生态城市理论与实践.北京:中国城市出版社.

石敏俊,张卓颖,等.2012.中国省区间投入产出模型与区际经济联系.北京:科学出版社.

苏昕,贺克斌,张强.2013.中美贸易间隐含的大气污染物排放估算.环境科学研究,26(9):
　　1022-1028.

孙施文.2015.基于城市建设状况的总体规划实施评价及其方法.城市规划学刊,(3):9-14.

孙耀华,仲伟周.2014.中国省际碳排放强度收敛性研究——基于空间面板模型的视角.经济管理,
　　36(12):31-40.

王德,刘锴,耿慧志.2001.沪宁杭地区城市一日交流圈的划分与研究.城市规划汇刊,(5):38-
　　44,79.

王德,王灿,谢栋灿,等.2015a.基于手机信令数据的上海市不同等级商业中心商圈的比较——以南京
　　东路、五角场、鞍山路为例.城市规划学刊,(3):50-60.

王德,王灿,朱玮,等.2015b.基于参观者行为模拟的空间规划与管理研究——青岛世园会的案例.城
　　市规划,39(2):65-70.

王德,叶晖.2006.我国地域经济差异与人口迁移研究.城市规划,30(9):52-56,97.

王庆一.2006.按国际准则计算的中国终端用能和能源效率.中国能源,28(12):5-9.

王喜平,刘兴会.2014.电力行业碳排放绩效地区差异及空间相关性分析.工业技术经济,33(11):
　　129-135.

魏伟,任小波,蔡祖聪,等.2015.中国温室气体排放研究——中国科学院战略性先导科技专项"应对气
　　候变化的碳收支认证及相关问题"之排放清单任务群研究进展.中国科学院院刊,30(6):839-
　　847,704.

魏一鸣,刘兰翠,廖华.2017.中国碳排放与低碳发展.北京:科学出版社.

吴良镛.2001.人居环境科学导论.北京:中国建筑工业出版社.

吴良镛,毛其智,张杰.1996.面向21世纪——中国特大城市地区持续发展的未来——以北京、上海、
　　广州三个特大城市地区为例.城市规划,(4):22-27.

吴志强,李德华.2010.城市规划原理(第四版).北京:中国建筑工业出版社.

吴志强,潘云鹤,叶启明,等.2016.智能城市评价指标体系研制过程与应用,工程(英文版),2(2):
　　196-211.

许学强,叶嘉安,周春山,等.2015.中国城市转型发展重构与规划教育.北京:科学出版社.

杨东援.2015.大数据视角下的城市交通规划.上海:上海交通委.

杨水川.2013.太原市居民家庭能源消费碳排放研究.开封:河南大学硕士学位论文.

姚士谋,陆大道,王聪,等.2011.中国城镇化需要综合性的科学思维——探索适应中国国情的城镇化方
　　式.地理研究,30(11):1947-1955.

姚士谋，陈振光，叶高斌，等 . 2015. 中国城市群基本概念的再认知 . 城市观察，（1）：73-82.

叶嘉安 . 2013. 为人民服务的地理信息系统 . 地理信息世界，20（1）：12-13.

叶嘉安，朱家松 . 2013. 智慧城市的邮政建筑物编码方法研究与应用 . 地理信息世界，20（4）：1-7.

岳瑞峰，朱永杰 . 2010. 1990-2007 年中国能源碳排放的省域聚类分析 . 技术经济，29（3）：40-45.

张翠菊，张宗益 . 2016. 产业和人口的空间集聚对中国区域碳排放强度的影响 . 技术经济，35（1）：71-77，125.

张丽君，秦耀辰，张金萍，等 . 2013. 城市碳基能源代谢分析框架及核算体系 . 地理学报，68（8）：1048-1058.

张琳翌 . 2015. 城市交通能源消耗与碳排放的驱动因素分解及 SD 仿真预测 . 杭州：浙江财经大学硕士学位论文 .

赵敏，胡静，戴洁，等 . 2012. 基于能源平衡表的 CO_2 排放核算研究 . 生态经济，（11）：30-32，157.

郑博福，王延春，赵景柱，等 . 2005. 基于可持续发展的我国现代化进程中能源需求预测 . 中国人口·资源与环境，15（1）：47-51.

中国科学院上海高等研究院 . 2012. 中国低碳城市发展研究报告（2012）. 开封：河南大学出版社 .

中国科学院上海高等研究院 . 2014. 中国低碳城市建设报告 . 北京：科学出版社 .

中国煤炭工业协会 . 2011. 中国煤炭工业统计资料汇编（1949–2009）. 北京：煤炭工业出版社 .

周芬 . 2015. 上海市碳排放特征及预测研究 . 上海：上海师范大学硕士学位论文 .

周干峙 . 2002. 吴良镛与人居环境科学 . 城市发展研究，9（3）：5-7.

周新刚，乐阳，叶嘉安，等 . 2014. 动态数据空间分析的不确定性问题——以城市中心识别为例 . 武汉大学学报（信息科学版），39（6）：701-705.

朱潜挺，吴静，王铮 . 2012. 基于自主体的全球碳交易模拟 . 地理研究，31（9）：1547-1558.

朱永彬，王铮，庞丽，等 . 2009. 基于经济模拟的中国能源消费与碳排放高峰预测 . 地理学报，64（8）：935-944.

庄贵阳，白卫国，朱守先 . 2014. 基于城市电力消费间接排放的城市温室气体清单与省级温室气体清单对接方法研究 . 城市发展研究，21（2）：49-53.

庄贵阳，潘家华，朱守先 . 2011. 低碳经济的内涵及综合评价指标体系构建 . 经济学动态，（1）：132-136.

Aguiar A, Gopalakrishnan N B, McDougall R. 2016. An overview of the GTAP 9 data base. Journal of Global Economic Analysis, 1（1）：181-208.

Anselin L. 1995. Local indicators of spatial association-LISA. Geographical analysis, 27（2）：93-115.

Chen G Q, Zhang B. 2010. Greenhouse gas emissions in China 2007：inventory and input-output analysis. Energy Policy, 38（10）：6180-6193.

Cheng Y Q, Wang Z Y, Ye X Y, et al. 2014. Spatiotemporal dynamics of carbon intensity from energy consumption in China. Journal of Geographical Sciences, 24（4）：631-650.

Ciais P, Dolman A J, Bombelli A, et al. 2014. Current systematic carbon-cycle observations and the need for implementing a policy-relevant carbon observing system. Biogeosciences, 11 (13): 3547-3602.

Ciais P. 2015. Improving fossil fuel CO_2 emission inventories by atmospheric measurements. Shanghai: International Workshop On Carbon Emission.

Davis S J, Caldeira K, Clark W C. 2010. Consumption-based accounting of CO_2 emissions. Proceedings of the National Academy of Sciences of the United States of America, 107 (12): 5687-5692.

Dietzenbacher E, Los B, Stehrer R, et al. 2013. The construction of world input-output tables in the wiod project. Economic Systems Research, 25 (1): 71-98.

Du H B, Guo J H, Mao G Z, et al. 2011. CO_2 emissions embodied in China-US trade: input-output analysis based on the energy/dollar ratio. Energy Policy, 39 (10): 5980-5987.

Economist Intelligence Unit. 2010. Asian Green City Index: Assessing the Environmental Performance of Asia's Major Cities. https://perspectives.eiu.com/economic-development/asian-green-city-index [2017-3-6].

Feng K, Davis S J, Sun L, et al. 2013. Outsourcing CO_2 within China. Proceedings of the National Academy of Sciences of the United States of America, 110 (28): 11654-11659.

Feng S L, Huang W G, Wang J, et al. 2015. Low-carbon City and New-Type Urbanization. Springer Berlin Heidelberg.

Guo J, Zou L L, Wei Y M. 2010. Impact of inter-sectoral trade on national and global CO_2 emissions: an empirical analysis of China and US. Energy Policy, 38 (3): 1389-1397.

ICLEI-Local Governments for Sustainability. 2009. International Local Government GHG Emissions Analysis Protocol (IEAP). http://www.doc88.com/p-9426109737241.html [2018-3-5].

IPCC. 2006. 2006 IPCC Guidelines for National Greenhouse Gas Inventories. Hayama, Kanagawa: Institute for Global Environmental Strategies (IGES).

Jonas M, Marland G, Winiwarter W, et al. 2010. Benefits of dealing with uncertainty in greenhouse gas inventories: introduction. Climatic Change, 103 (1-2): 3-18.

Jones C, Kammen D M. 2014. Spatial distribution of U. S. household carbon footprints reveals suburbanization undermines greenhouse gas benefits of urban population density. Environmental Science & Technology, 48 (2): 895-902.

Lin B Q, Sun C W. 2010. Evaluating carbon dioxide emissions in international trade of China. Energy Policy, 38 (1): 613-621.

Lindner S, Liu Z, Guan D B, et al. 2013. CO_2 emissions from China's power sector at the provincial level: consumption versus production perspectives. Renewable and Sustainable Energy Reviews, 19: 164-172.

Liu Z, Guan D B, Wei W, et al. 2015. Reduced carbon emission estimates from fossil fuel combustion and cement production in China. Nature, 524 (7565): 335-338.

Marland E, Cantrell J, Kiser K, et al. 2014. Valuing uncertainty part I: the impact of uncertainty in GHG accounting. Carbon Management, 5 (1): 35-42.

Rajesh K, Bhuvanesh A, Kannan S, et al. 2016. Least cost generation expansion planning with solar power plant using differential evolution algorithm. Renewable Energy, 85: 677-686.

Rao P, Patarasuk R, Gurney K R, et al. 2015. Using the Hestia bottom-up FFCO$_2$ emissions estimation to identify drivers and hotspots in urban areas. San Francisco: AGU Fall Meeting.

Ratti C. 2017. Education, Transportation and Mobility, Urban Information, Technology, and Media and Analytics. Cambridge: MIT Senseable City Lab.

Shanghai advanced research institute, Chinese academy of sciences. 2016. China Low-Carbon Healthy City, Technology Assessment and Practise. Springer Nature.

Waddell P. 2002. UrbanSim: Modeling Urban Development for Land-use, Transportation, and Environmental Planninig. Journal of the American Planning Association, 68 (3): 297-314.